三维效果图制作技术与应用案例解析

司文君　编著

U0252761

清华大学出版社
北京

内 容 简 介

本书内容以理论作铺垫，以实操为导向，全面系统地阐述了三维效果图的基本操作与核心应用。书中采用通俗易懂的语言、图文并茂的形式，对3ds Max的相关操作技能进行了全面细致的剖析。

全书共分为9章，遵循由浅入深、从基础知识到案例进阶的学习原则，对3ds Max入门知识、基础建模技术、复杂建模技术、材质技术、贴图技术、灯光技术、摄影机与渲染器的设置等内容进行了逐一讲解，并结合两章室内场景效果图的绘制，介绍效果图制作的流程，旨在帮助新手设计师了解并熟悉3ds Max软件以及效果图制作的全过程。

本书结构合理，内容丰富，易教易学，既具有坚实的基础性，也具有很强的实用性。本书既可作为高等院校相关专业学生的教学用书，又可作为培训机构以及设计爱好者的参考指南。

图书在版编目（CIP）数据

三维效果图制作技术与应用案例解析 / 司文君编著.

北京：清华大学出版社，2024. 8. -- ISBN 978-7-302

-67037-7

Ⅰ. TP391.41

中国国家版本馆CIP数据核字第2024HB0808号

责任编辑： 李玉茹
封面设计： 杨玉兰
责任校对： 桑任松
责任印制： 丛怀宇

出版发行： 清华大学出版社

    网 址：https://www.tup.com.cn，https://www.wqxuetang.com
    地 址：北京清华大学学研大厦A座   邮 编：100084
    社 总 机：010-83470000   邮 购：010-62786544
    投稿与读者服务：010-62776969，c-service@tup.tsinghua.edu.cn
    质 量 反 馈：010-62772015，zhiliang@tup.tsinghua.edu.cn
    课 件 下 载：https://www.tup.com.cn，010-62791865
印 装 者： 三河市铭诚印务有限公司
经 销： 全国新华书店
开 本： 185mm×260mm   **印 张：** 15   **字 数：** 362千字
版 次： 2024年10月第1版   **印 次：** 2024年10月第1次印刷
定 价： 79.00元

产品编号：102723-01

前言

对于三维设计行业，特别是建筑设计、室内设计和产品设计等行业的人来说，3ds Max软件是一款常用的、专业的三维建模和渲染软件。利用它，可以创建出高质量且逼真的各类效果图。可以说3ds Max现已成为三维设计领域的必备软件。

3ds Max软件除了可以精确地创建出各类三维模型外，还能够为模型赋予各类材质，如玻璃、金属、木材、石材等，使得模型在视觉上更加接近于真实世界。此外，3ds Max还拥有出色的渲染能力，通过高质量的渲染引擎生成照片级别的渲染图像，让绘制的效果图更具有说服力和吸引力。随着软件版本的不断升级，目前，3ds Max软件技术正逐步向智能化、人性化和实用化方向发展，旨在让设计师将更多的精力和时间投入到创造活动中，从而呈现出更加完美的设计作品。

本书内容概述

全书共分为9章，各章内容说明如下。

章	内容导读	难点指数
第1章	主要介绍了3ds Max入门知识，包括了解软件工作界面、图形文件的基本操作、对象的基本操作等	★☆☆
第2章	主要介绍了基础建模技术，包括标准基本体、扩展基本体、样条线的创建操作等	★★☆
第3章	主要介绍了复杂建模技术，包括复合对象建模、修改器建模、NURBS建模、多边形建模等	★★☆
第4章	主要介绍了材质技术，包括认识材质、材质编辑器、3ds Max内置材质、VrayMtl材质、其他VRay材质的应用等	★★★
第5章	主要介绍了贴图技术，包括认识并了解贴图、常用标准贴图类型、常用VRay贴图类型等	★★★
第6章	主要介绍了灯光技术，包括室内光源构成、了解3ds Max光源系统的类型、3ds Max光源常用参数的设置、VRay光源系统的应用等	★★★
第7章	主要介绍了摄影机与渲染器，包括认识摄影机、3ds Max摄影机类型、渲染基础知识以及VRay渲染器的应用等	★★☆
第8章	主要介绍了卧室场景效果表现的方法，包括案例项目的介绍、调整卧室效果视角、设置场景灯光、设置场景材质、渲染场景等	★★★
第9章	主要介绍了卫生间场景效果表现的方法，包括案例项目介绍、调整卫生间效果视角、设置场景灯光、创建场景材质、渲染场景等	★★★

选择本书理由

本书采用**案例解析 + 理论讲解 + 课堂实战 + 课后练习 + 拓展赏析**的结构进行编写，其内容由浅入深，循序渐进。让读者带着疑问去学习知识，并从实战应用中激发学习兴趣。

（1）专业性强，知识覆盖面广。

本书主要围绕3ds Max软件的相关技能展开讲解，并对不同类型的案例制作进行解析，让读者了解并掌握效果图制作的一些绘图方法和要领。

（2）带着疑问学习，提升学习效率。

本书首先对案例进行解析，然后再针对案例中的重点工具进行深入讲解。让读者带着问题去学习相关的理论知识，从而有效提升学习效率。此外，本书所有的案例都经过了精心的设计。读者可以将这些案例应用到实际工作中。

（3）技巧拓展，以更高的视角看行业发展。

本书在每章结尾部分安排了"拓展赏析"板块，旨在让读者掌握本章相关技能后，进一步了解图书以外的相关操作技巧，从而帮助读者开拓思维。

本书读者对象

- 从事室内设计的工作人员；
- 高等院校相关专业的师生；
- 培训班中学习辅助设计的学员；
- 对效果图设计有着浓厚兴趣的爱好者；
- 想掌握更多技能的办公室人员。

本书由司文君编著，在编写过程中力求严谨、细致，但由于时间与精力有限，疏漏之处在所难免，请广大读者批评、指正。

编　者

实例文件A　　　实例文件B　　　索取课件与教案

目录

第1章　3ds Max 入门知识

第2章 基础建模技术

第3章 复杂建模技术

3ds Max

第**4**章　材质技术

第5章 贴图技术

第6章 灯光技术

第7章 摄影机与渲染器

第8章 卧室场景效果表现

第9章 卫生间场景效果表现

第**1**章

3ds Max入门知识

内容导读

　　无论是建筑、游戏，还是产品设计等行业，3ds Max都发挥着举足轻重的作用。它提供了丰富的建模工具，灵活的材质编辑器和高效的渲染引擎，使得设计师能够轻松实现创意的可视化。本章将对3ds Max软件进行全面的介绍，其中包括软件的工作界面、图形文件的管理以及软件基础技能的运用等知识。

思维导图

```
                          3ds Max入门知识                     选择操作

                                                            变换操作

                                                            镜像操作

3ds Max的工作界面                                            阵列操作

     绘图单位                                                克隆操作
                          认识3ds Max      对象的基本操作
  自动保存和备份                                             对齐操作

   设置快捷键                                                捕捉操作

    新建文件                            效果图制作的          隐藏/冻结操作
                                       流程
    重置文件        图形文件的基本操作                        成组操作

    归档文件
```

1.1 认识3ds Max

3ds Max（全称3D Studio Max）是一款十分优秀的三维建模软件。它以其强大的功能和便捷的操作界面赢得了众多设计师的青睐。对于想要进入三维设计领域里的用户来说，3ds Max是入门必学的软件。

1.1.1 3ds Max的工作界面

3ds Max安装完成后，双击其桌面3ds Max快捷方式即可打开软件，操作界面如图1-1所示。从图中可以看出，软件界面主要包含标题栏、菜单栏、工具栏、工作视图、命令面板、状态和提示栏、动画控制栏和视图导航栏等部分，下面将分别对其进行介绍。

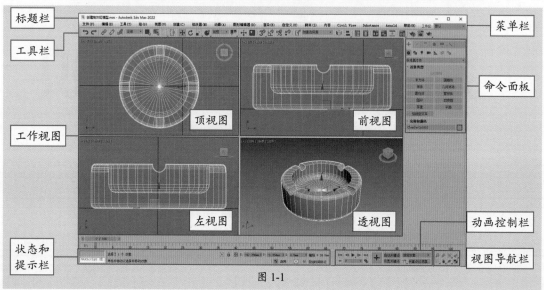

图 1-1

1.标题栏

标题栏位于工作界面的最上方，包含程序图标、"最小化"按钮、"最大化"按钮（或"还原"按钮）、"关闭"按钮，用于显示文件信息，以及控制窗口的最小化、最大化（或还原）、关闭。

2.菜单栏

菜单栏位于标题栏的下方，为用户提供了几乎所有3ds Max操作命令。它的形状和Windows菜单相似。3ds Max的菜单栏默认显示17个菜单，下面将各个菜单的含义进行说明。

- **文件**：此菜单包含文件的打开、保存、导入与导出、摘要信息、文件属性等命令。
- **编辑**：此菜单包含对象的拷贝、删除、选定、临时保存等命令。
- **工具**：此菜单包括常用的各种制作工具。
- **组**：此菜单用于将多个物体组合为一个组，或分解一个组为多个物体。
- **视图**：此菜单用于对视图进行操作。
- **创建**：此菜单用于创建物体、灯光、相机等。
- **修改器**：此菜单包含编辑修改物体或动画的命令。

- **动画**：此菜单中的命令用来控制动画。
- **图形编辑器**：此菜单中的命令创建和编辑视图。
- **渲染**：此菜单中的命令用于选择通过某种算法，体现场景的灯光、材质和贴图等效果。
- **自定义**：此菜单中的命令方便用户按照自己的爱好设置工作界面。3ds Max的工具栏和菜单栏、命令面板可以被放置在任意的位置。
- **脚本**：此菜单用于处理与MAXScript相关的功能和操作。MAXScript为3ds Max内置的脚本语言，它允许用户通过编写脚本来自动化操作、创建自定义工具、扩展软件功能等。
- **内容**：在此菜单中选择"3ds Max资源库"命令，打开网页链接，里面有Autodesk旗下的多种设计软件。
- **Civil View**：此菜单中包含了供土木工程师和交通运输基础设施规划人员使用的可视化工具。
- **Substance**：此菜单中包含了创建和处理纹理、材质和3D模型的插件工具。
- **Arnold**：此菜单中的命令Arnold渲染器的相关设置。
- **帮助**：关于软件的帮助文件，包括在线帮助、插件信息等。

操作提示

　　打开菜单列表时，有些命令旁边有"…"号，即表示单击该命令将弹出一个对话框。有些命令右侧会显示一个小三角形，即表示该命令还有其他子命令。单击它可以弹出一个级联菜单。若菜单中命令名称的右侧显示为字母，该字母即为该命令的快捷键（有些时候需与键盘上的功能键配合使用）。

3. 工具栏

　　工具栏位于菜单栏的下方。此处集合了3ds Max中比较常用的工具，如图1-2所示。

图 1-2

表 1-1

图标	名　称	含　义
🔗	选择并链接	用于将不同的物体进行链接
🔗	断开当前选择物体链接	用于将链接的物体断开链接
🖌	绑定到空间扭曲	用于粒子系统上的，把场用空间绑定到粒子上，这样才能产生作用
◼	选择对象	只能对场景中的物体进行选择使用，而无法对物体进行操作
📇	按名称选择	单击后弹出操作窗口，在其中输入名称可以容易地找到相应的物体，方便操作
▦	矩形选择	矩形选择是一种选择类型，按住鼠标左键拖动来进行选择

图标	名　称	含　义
	窗口/交叉	设置选择物体时的选择模式
	选择并移动	用户可以对选择的物体进行移动操作
	选择并旋转	用户可以对选择的物体进行旋转操作
	选择并均匀缩放	用户可以对选择的物体进行等比例的缩放操作
	选择并放置	将对象准确地定位到另一个对象的曲面上，随时可以使用，不局限于在创建对象时
	使用轴点中心	选择多个物体时，可以通过此命令来设定轴中心点坐标
	选择并操纵	针对用户设置的特殊参数（如滑竿等参数）进行操纵使用
	捕捉开关	允许用户在操作时进行捕捉点的创建或修改
	角度捕捉切换	设置功能允许的增量旋转，设置的增量围绕指定轴旋转
	百分比捕捉切换	通过指定百分比增加对象的缩放
	微调器捕捉切换	设置所有微调器单击一次所增加或减少的数值
	编辑命名选择集	无模式对话框。通过该对话框可以直接从视口创建命名选择集或选择要添加到选择集的对象
	镜像	可以对选择的物体进行镜像操作，如复制、关联复制等
	对齐	方便用户对物体进行对齐操作
	切换场景资源管理器	提供3ds Max中各种场景内容属性的相关信息以及编辑方式
	切换层资源管理器	对场景中的物体可以使用此工具分类，即将物体放在不同的层中进行操作，以便用户管理
	切换功能区	Graphite建模工具
	曲线编辑器	用户可以创建和编辑动画中的角色或物体动作曲线，从而实现流畅的动画效果
	图解视图	设置场景中元素的显示方式等
	材质编辑器	可以对物体进行材质赋予和编辑
	渲染设置	调节渲染参数
	渲染帧窗口	可以对渲染进行设置
	渲染产品	制作完毕后可以使用该命令渲染输出，查看效果

4. 工作视图

默认的工作视图是由四个相等的矩形部分组成的。分别为顶视图、前视图、左视图和透视图，如图1-3所示。每个视图都包含垂直线和水平线，这些线组成了3ds Max的主栅格。这两条线在三维空间的中心相交，交点的坐标是$X=0$、$Y=0$和$Z=0$。其余辅助栅格线均为灰色显示。

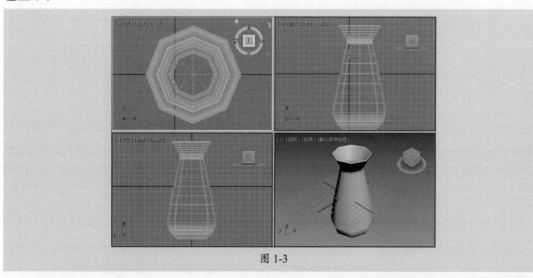

图 1-3

选中某一视图后，可按视图快捷键进行视图的切换操作，快捷键所对应的视图如表1-2所示。或者右击每个视图的左上方那行英文，将会弹出一个快捷菜单，在此快捷菜单中也可更改它的视图方式和视图显示方式等。

表 1-2

视　图	视图快捷键	视　图	视图快捷键
顶视图	T	底视图	B
左视图	L	右视图	R
用户视图	U	前视图	F
后视图	K	摄影机视图	C
灯光视图	Shift+$	满屏视图	W

激活视图后，视图边框呈黄色，用户可在其中进行创建或编辑模型操作。单击或右击都可以激活视图。需要注意的是，单击激活视图时，有可能会因为失误而选中某物体，从而错误对物体执行另一个命令操作。

5. 命令面板

命令面板位于工作视窗的右侧，包括创建命令面板、修改命令面板、层次命令面板、运动命令面板、显示命令面板和实用程序命令面板，通过这些面板可使用绝大部分的建模和动画命令，如图1-4所示。

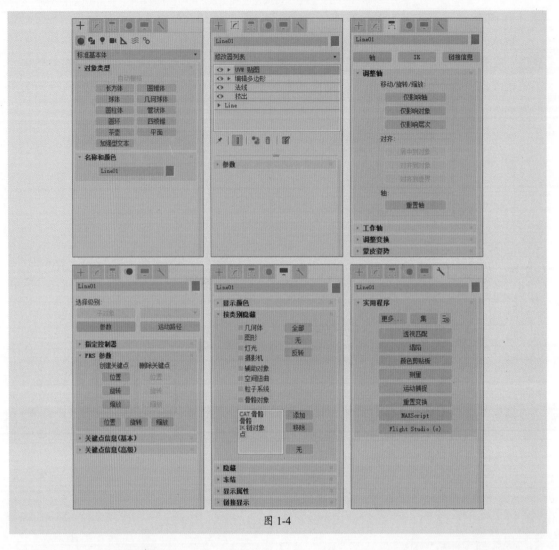

图 1-4

1）创建命令面板 ➕

创建命令面板用于创建对象，这是在3ds Max中构建新场景的第一步。创建命令面板将所创建对象种类分为七个类别，包括几何形、图形、灯光、摄像机、辅助对象、空间扭曲、系统。通过创建命令面板，可以在场景中放置一些基本对象，包括3D几何体、2D形态、灯光、摄像机、空间扭曲及辅助对象。创建对象的同时系统会为每一个对象指定一组创建参数，该参数根据对象类型定义几何特性和其他特性。

2）修改命令面板 ▨

修改命令面板是一个功能强大的工具，它允许用户对场景中的对象进行各种修改和调整。根据搜索结果，修改命令面板由以下几个部分组成。①修改器列表：用户可以通过单击下拉列表框来选择并应用不同的修改器到当前选择的对象上。②修改器堆栈：这个区域显示了当前对象所使用的所有修改器，并允许用户通过拖动来调整修改器的应用顺序，或者通过按鼠标右键来进行剪切、复制、粘贴、删除或塌陷操作。③修改器控制按钮：包括一系列按钮，用于快速访问和操作修改器的不同功能。④参数列表：显示当前所选修改器的详细参数，用户可以通过调整这些参数来改变对象的显示效果。

3）层次命令面板 ▦

通过层次命令面板可以使用用来调整对象间链接的工具。通过将一个对象与另一个对象相链接，可以创建父子关系，应用到父对象的变换同时将传达给子对象。通过将多个对象同时链接到父对象和子对象，可以创建复杂的层次。

4）运动命令面板 ◉

运动命令面板提供用于设置各个对象的运动方式和轨迹，以及高级动画设置。

5）显示命令面板 ▤

显示命令面板用于控制场景中对象的显示方式。可以隐藏和取消隐藏、冻结和解冻对象改变其显示特性、加速视口显示及简化建模步骤。

6）实用程序命令面板 ⚒

实用程序命令面板提供了各种实用工具和功能，以帮助用户更有效地进行三维建模和场景设置。

6. 状态和提示栏

状态和提示栏在动画控制栏的左侧，主要提示当前选择的物体数目、使用的命令、坐标位置和当前栅格的单位，如图1-5所示。

图 1-5

7. 动画控制栏

动画控制栏在工作界面的底部，主要用于制作动画时，进行动画记录、动画帧选择、控制动画的播放和动画时间的控制等，如图1-6所示。

图 1-6

动画控制栏由自动关键点、设置关键点、选定对象、关键点过滤器、控制动画显示区和时间配置六大部分组成。下面将对各按钮的含义进行介绍。

- **自动关键点**：单击该按钮后，时间帧将显示为红色，在不同的时间上移动或编辑图形即可设置动画。
- **设置关键点**：使用此按钮可以在合适的时间创建关键帧。
- **选定对象**：通常与设置关键点一起使用。用于显示在创建或编辑关键点时，正在操作的对象名称。
- **关键点过滤器**：在"设置关键点过滤器"对话框中，可以对关键帧进行过滤，只有当某个复选框被选中后，有关该选项的参数才可以被定义为关键帧。
- **控制动画显示区**：控制动画的显示，其中包含转到开头、关键点模式切换、上一帧、播放动画、下一帧、转到结尾、设置关键帧位置等，在该区域单击指定按钮，即可执行相应的操作。
- **时间配置**：单击该按钮，即可打开时间配置对话框，在其中可以设置动画的时间显示类型、帧速度、播放模式、动画时间和关键点字符等。

8. 视图导航栏

视图导航栏主要控制视图的大小和方位，通过导航栏内相应的按钮，即可更改视图中物体的显示状态。视图导航栏会根据当前视图的类型进行相应的更改，如图1-7所示。

图 1-7

视图导航栏默认由缩放、缩放所有视图、最大化显示选定对象、所有视图最大化显示选定对象、缩放区域、平移视图、环绕子对象、最大化视口切换八个按钮组成，各按钮含义说明如表1-3所示。

表 1-3

图标	名 称	用 途
	缩放	当在"透视图"或"正交"视口中进行拖动时，使用"缩放"可调整视口放大值
	缩放所有视图	在四个视图中任意一个窗口中按住鼠标左键拖动可以看四个视图同时缩放
	最大化显示选定对象	在编辑时可能会有很多物体，当用户要对单个物体进行观察操作时可以使该物体最大化显示
	所有视图最大化显示选定对象	选择物体后单击，可以看到四个视图都是放大化显示的效果
	缩放区域	在视图中框选局部区域，将它放大显示
	平移视图	沿着平行于视口的方向移动摄像机
	环绕子对象	围绕子对象旋转视图。如果对象靠近视口边缘，则可能会旋转出视口
	最大化视口切换	可在其正常大小和全屏大小之间进行切换

1.1.2 绘图单位

单位是连接3ds Max三维世界与物理世界的关键。在插入外部模型时，如果插入的模型和软件中设置的单位不同，可能会出现插入的模型显示过小或过大，所以在创建和插入模型之前都需要进行单位设置。

"单位设置"对话框用于设置当前项目使用的单位系统，通过它可以在通用单位和标准单位（公制、英尺和英寸）之间进行选择，如图1-8所示。也可以创建自定义单位，这些自定义单位可以在创建任何对象时使用。

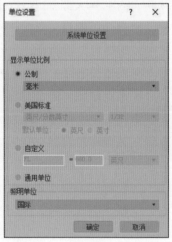

图 1-8

1.1.3 自动保存和备份

当插入或创建的图形较大时，计算机的屏幕显示性能会越来越慢，为了提高计算机性能，用户可以更改备份间隔保存时间。在"首选项设置"对话框中可以对该功能进行设置，如图1-9所示。

用户可通过执行"自定义"→"首选项"命令打开"首选项设置"对话框。

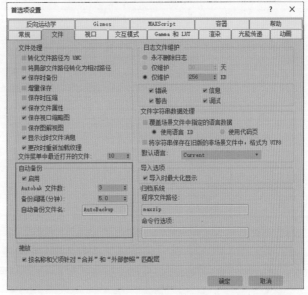

图 1-9

1.1.4 设置快捷键

利用快捷键创建模型可以快速提高工作效率，节省了寻找菜单命令或者工具的时间。为了避免快捷键和外部软件的冲突，用户可以通过"热键编辑器"对话框来设置快捷键，如图1-10所示。

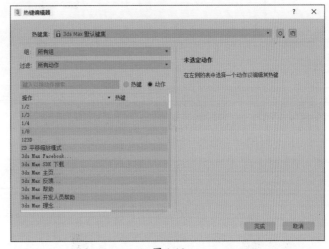

图 1-10

执行"自定义"→"热键编辑器"命令，打开"热键编辑器"对话框。在"组"列表中选择所需命令组选项，并在"操作"列表中选择具体命令选项，例如选择"桥"命令，如图1-11所示。然后在右侧"热键"选项组中按下指定的快捷键后，单击"指定"按钮即可完成设置操作，如图1-12所示。

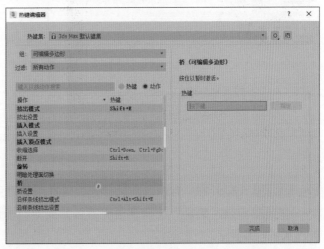

图 1-11

9

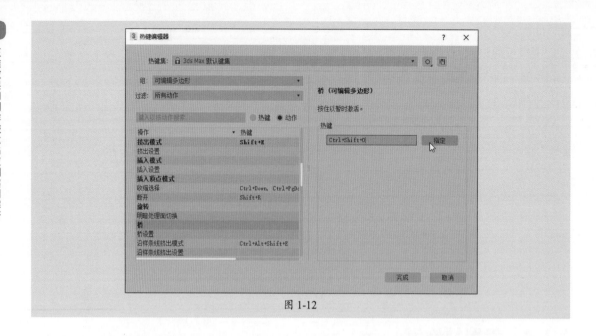

图 1-12

1.2 图形文件的基本操作

3ds Max图形文件的操作包括新建文件、重置文件、归档文件等。合理管理文件，可提高工作效率。

案例解析：将茶几模型导入场景中

下面利用"合并"功能将茶几模型导入室内场景中。

步骤 01 打开"室内场景"素材文件，如图1-13所示。

步骤 02 执行"文件"→"导入"→"合并"命令，打开"合并文件"对话框，选择"茶几组合"模型文件，单击"打开"按钮，如图1-14所示。

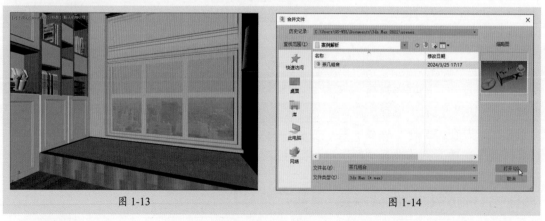

图 1-13　　　　　　　　　　　　　　　图 1-14

步骤 03 在打开的"合并"对话框中，选择茶几组合模型，如图1-15所示。

步骤 04 单击"确定"按钮即可将其合并到室内场景中。将合并的茶几移动到合适的位置，如图1-16所示。

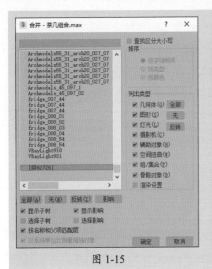

图 1-15

图 1-16

1.2.1　新建文件

使用"新建"命令可以新建一个场景文件。执行"文件"→"新建"命令，随后在其右侧区域中将出现两个子命令，如图1-17所示。

- **新建全部**：该命令可以清除当前场景的内容，保留系统设置，如视口配置、捕捉设置、材质编辑器、背景图像等。
- **从模板新建**：根据预设模板创建新场景，根据需要确定是否保留旧场景的内容。

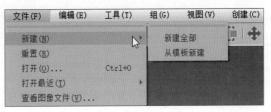

图 1-17

1.2.2　重置文件

使用"重置"命令可以清除所有数据并重置3ds Max的设置（包括视口配置、捕捉设置、材质编辑器、背景图像等），还可以还原默认设置，并移除当前会话期间所做的任何自定义设置。使用"重置"命令并退出，与重新启动3ds Max的效果相同。

对于已操作并未保存的文件，执行"文件"→"重置"命令时，系统会弹出提示，如图1-18所示。用户可以根据需要选择"保存""不保存"或"取消"。

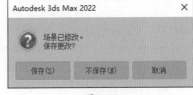

图 1-18

操作提示

MAX文件是完整的场景文件；CHR文件是用"保存类型"为"3ds Max角色"功能保存的角色文件；而DRF文件是Design Review的场景文件。

Design Review是Autodesk公司的一款独立软件，用于查看和分析数据。VIZ Render是3ds Max的一个模块，用于建筑可视化和渲染。

1.2.3　归档文件

使用"归档"命令可以自动查找场景中参照的文件，并在可执行文件的文件夹中创建压缩文件，在存档处理期间会显示日志窗口。执行"文件"→"归档"命令，系统会打开"文件归档"对话框，如图1-19所示。用户可在该对话框中设置归档路径及名称。

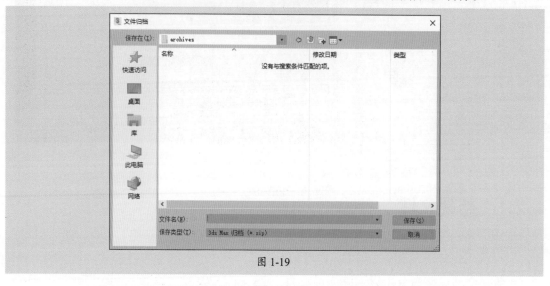

图 1-19

1.3　对象的基本操作

在创建模型时，经常会对模型进行选择、移动、旋转、缩放、对齐等操作。熟练掌握这些基本操作，可提高用户的创建效率。

案例解析：布置水果盘

下面将利用"复制""移动""旋转"操作来布置水果盘造型。

步骤01 打开"水果盘"场景文件，可以看到果盘里只有一个水果，如图1-20所示。

步骤02 执行"选择并移动"命令，在顶视图中单击选择水果模型，按住Shift键移动对象，打开"克隆选项"对话框，在"对象"选项组中选中"复制"单选按钮，如图1-21所示。

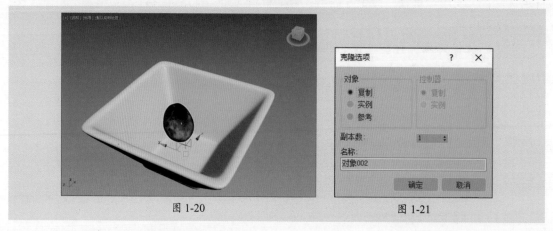

图 1-20　　　　　　　　　图 1-21

步骤 03 单击"确定"按钮即可复制对象，如图1-22所示。

步骤 04 执行"选择并旋转"命令，旋转该水果对象，再执行"移动"命令，调整对象位置，如图1-23所示。

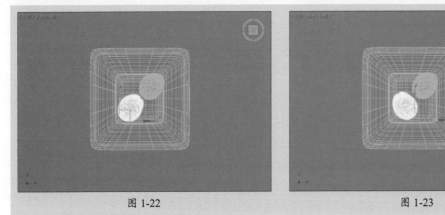

图 1-22   图 1-23

步骤 05 按照此方法继续复制水果，并进行旋转、移动等操作，效果如图1-24所示。

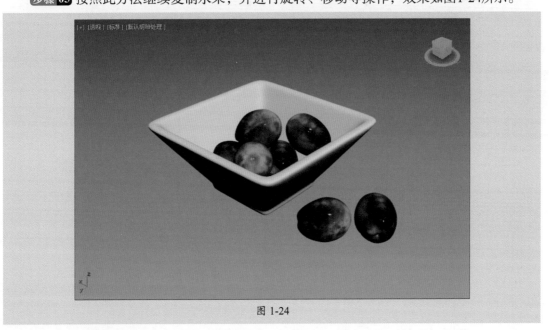

图 1-24

1.3.1　选择操作

3ds Max提供了三种选择方式，分别为选择按钮、选择区域和选择过滤器。

1. 选择按钮

选择对象的方法主要有"选择对象"和"按名称选择"两种。前者可以直接框选或单击选择一个或多个对象；后者则可以通过对象名称进行选择。

1）"选择对象"按钮■

单击此按钮后，可以单击选择一个对象或框选多个对象，被选中的对象以高亮显示。若想一次选中多个对象，可以按住Ctrl键的同时单击对象，即可增加选择对象。

2）"按名称选择"按钮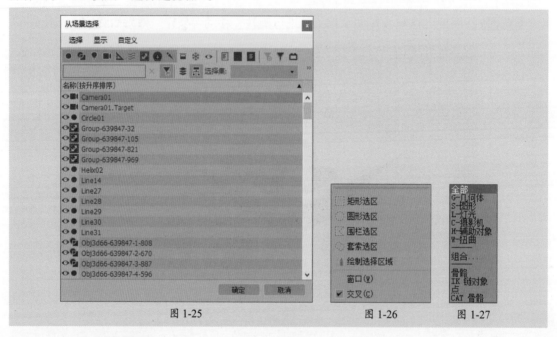

单击此按钮可以打开"从场景选择"对话框，如图1-25所示。用户可以在下方对象列表中双击对象名称进行选择，也可以在输入框中输入对象名称进行选择。

2. 选择区域

选择区域的形状包括矩形选区、圆形选区、围栏选区、套索选区、绘制选择区域、窗口及交叉七种。执行"编辑"→"选择区域"命令，在其级联菜单中可以选择需要的选择方式，如图1-26所示。

3. 选择过滤器

"选择过滤器"中将对象分为全部、几何体、图形、灯光、摄影机、辅助对象、扭曲等12种类型，如图1-27所示。利用"选择过滤器"可以对对象的选择进行范围限定，屏蔽其他对象而只显示限定类型的对象以便于选择。当场景比较复杂，且需要对某一类对象进行操作时，可以使用"选择过滤器"。

图 1-25　　　　　　　　图 1-26　　　　图 1-27

1.3.2　变换操作

变换对象是指将对象重新定位，包括改变对象的位置、旋转角度或者变换对象的比例等。用户可以选择对象，然后使用主工具栏中的各种变换按钮来进行变换操作。移动、旋转和缩放属于对象的基本变换。

1. 移动对象

（1）移动是最常使用的变换工具，可以改变对象的位置，在主工具栏中单击"选择并移动"按钮 🔧，即可激活移动工具。单击物体对象后，视口中会出现一个三维坐标系，如图1-28所示。当一个坐标轴被选中时它将显示为高亮黄色，可以在三个轴向上对物体进行移动；把鼠标放在两个坐标轴的中间，可将对象在两个坐标轴形成的平面上任意移动。

（2）右击"选择并移动"按钮，会弹出"移动变换输入"面板，如图1-29所示。在该面板的"偏移:世界"选项组的微调框中输入数值，可以控制对象在三个坐标轴上的精确移动。

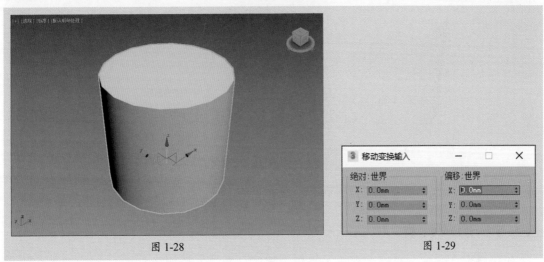

图 1-28　　　　　　　　　　图 1-29

2. 旋转对象

（1）当需要调整对象的视角时，可以单击主工具栏中的"选择并旋转"按钮 C，当前被选中的对象可以沿三个坐标轴进行旋转，如图1-30所示。

（2）右击"选择并旋转"按钮，会弹出"旋转变换输入"面板，如图1-31所示。在该面板的"偏移:世界"选项组的微调框中输入数值，可以控制对象在三个坐标轴上的精确旋转。

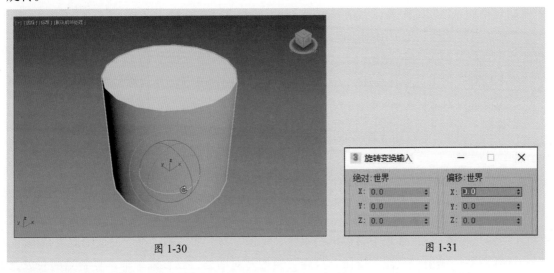

图 1-30　　　　　　　　　　图 1-31

3. 缩放对象

（1）若要调整场景中对象的比例大小，可以单击主工具栏中的"选择并均匀缩放"按钮，即可对对象进行等比例缩放，如图1-32所示。

（2）右击"选择并缩放"按钮，会弹出"缩放变换输入"面板，如图1-33所示。在该面板的"偏移:世界"选项组的微调框中输入百分比数值，可以对对象进行精确缩放。

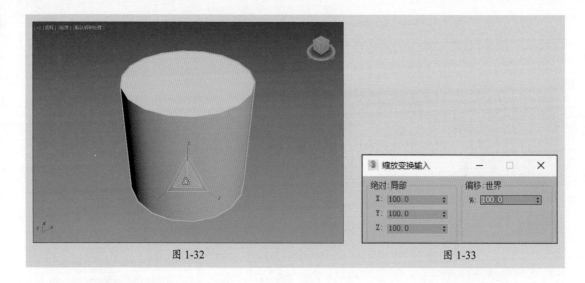

图 1-32   图 1-33

1.3.3 镜像操作

在视口中选择任一对象，在主工具栏上单击"镜像"按钮将打开"镜像:世界 坐标"对话框。在打开的对话框中设置镜像参数，然后单击"确定"按钮完成镜像操作。打开的"镜像"对话框如图1-34所示。

"镜像轴"选项组表示镜像轴选择为X、Y、Z、XY、YZ和ZX。选择其一可指定镜像的方向。这些选项等同于"轴约束"工具栏上的选项按钮。其中"偏移"选项用于指定镜像对象轴点距原始对象轴点之间的距离。

"克隆当前选择"选项组用于确定由"镜像"功能创建的副本的类型。默认设置为不克隆。

图 1-34

- **不克隆**：选中此单选按钮，可以在不制作副本的情况下，镜像选定对象。
- **复制**：选中此单选按钮，可以将选定对象的副本镜像到指定位置。
- **实例**：选中此单选按钮，可以将选定对象的实例镜像到指定位置。
- **参考**：选中此单选按钮，可以将选定对象的参考镜像到指定位置。

如选中"镜像IK限制"复选框，则当围绕一个轴镜像几何体时，会导致镜像IK约束（与几何体一起镜像）。如果不希望IK约束受"镜像"命令的影响，可取消选中此复选框。

选择模型，单击"镜像"按钮，打开"镜像"对话框，设置镜像轴，复制当前对象，并设置偏移距离，设置完成后，单击"确定"按钮，即可完成模型的镜像操作，如图1-35所示。

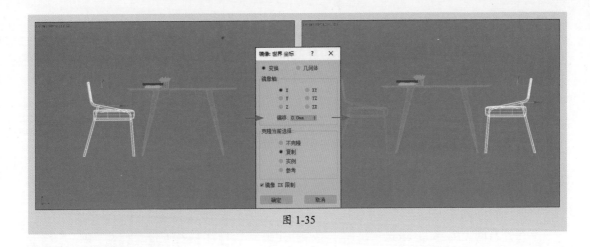

图 1-35

1.3.4 阵列操作

"阵列"命令可以以当前选择对象为参考，进行一系列复制操作。在视图中选择一个对象，然后执行"工具"→"阵列"命令，系统会打开"阵列"对话框，如图1-36所示。在该对话框中用户可指定阵列尺寸、偏移量、对象类型以及变换数量等。

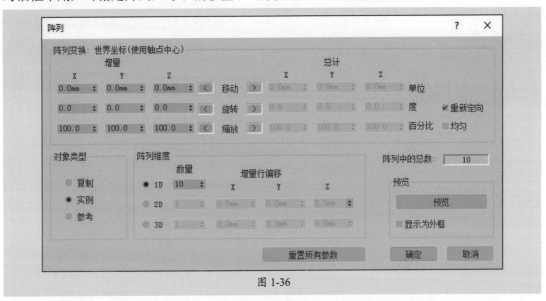

图 1-36

- **增量：**所包含的各选项用于设置阵列物体在各个坐标轴上的移动距离、旋转角度和缩放程度。
- **总计：**所包含的各选项用于设置阵列物体在各个坐标轴上的移动距离、旋转角度和缩放程度的总量。
- **重新定向：**选中该复选框，阵列对象围绕世界坐标轴旋转时也将围绕自身坐标轴旋转。
- **对象类型：**该选项组用于设置阵列复制物体的副本类型。
- **阵列维度：**该选项组用于设置阵列复制的维数。

1.3.5 对齐操作

"对齐"命令可以用来精确地将一个对象和另一个对象按照指定的坐标轴进行对齐操作。在视图中选择要对齐的对象，然后在工具栏中单击"对齐"按钮，系统会弹出"对齐当前选择"对话框，如图1-37所示。在该对话框中用户可设置对齐位置和方向。

- **对齐位置（世界）**：该选项组用于设置位置对齐方式。
- **当前对象、目标对象**：分别用于当前对象和目标对象的设置。
- **对齐方向（局部）**：该选项组用于特殊指定方向对齐依据的轴向，右侧括号中显示的是当前使用的坐标系统。
- **匹配比例**：该选项组用于将目标对象的缩放比例沿指定的坐标轴方向应用到当前对象上。

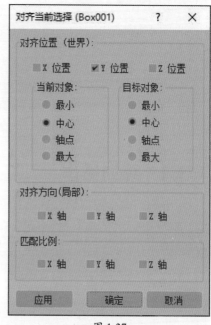

图 1-37

1.3.6 克隆操作

3ds Max提供了多种复制方式，用户可以快速创建一个或多个选定对象的多个版本。复制对象的通用术语为克隆，下面是打开"克隆选项"对话框的两种操作方法。

- 选择对象后，按Ctrl+V组合键执行"编辑"→"克隆"命令，弹出的对话框如图1-38所示。
- 选择对象后，按住Shift键的同时使用移动、旋转或缩放工具来操作，弹出的对话框如图1-39所示。

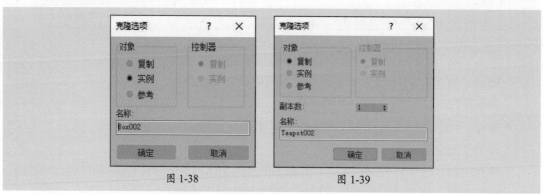

图 1-38   图 1-39

克隆方式包括复制、实例、参考三种，克隆选项中各选项含义介绍如下。

- **复制**：创建一个与原始对象完全无关的克隆对象。修改一个对象时，不会对另一个对象产生影响。

- **实例**：创建与原始对象的完全可交互克隆对象。修改实例对象时，原始对象也会发生相同的改变。
- **参考**：克隆对象时，创建与原始对象有关的克隆对象。参考对象之前更改对该对象应用的修改器的参数时，将会更改这两个对象。但是，新修改器可以应用参考对象之一。因此，它只会影响应用该修改器的对象。
- **副本数**：该微调框用于设置复制对象的数量。

操作提示

　　使用"克隆"命令和使用"变换"命令打开的"克隆选项"对话框基本相同，只是使用"变换"命令打开的"克隆选项"对话框中多出一个"副本数"选项，用于设置复制的数量。

1.3.7　捕捉操作

　　捕捉操作能够捕捉处于活动状态位置的3D空间的控制范围，而且有很多捕捉类型可用，可以用于激活不同的捕捉类型。与捕捉操作相关的工具按钮包括捕捉开关、角度捕捉、百分比捕捉、微调器捕捉切换，分别介绍如下。

1. 捕捉开关

　　这三个按钮代表了三种捕捉模式，提供捕捉处于活动状态位置的3D空间的控制范围。捕捉对话框提供了多种可用捕捉类型。

2. 角度捕捉

　　用于切换确定多数功能的增量旋转，包括标准旋转变换。随着旋转对象或对象组，对象以设置的增量围绕指定轴旋转。

3. 百分比捕捉

　　切换通过指定的百分比增加对象的缩放。当按下捕捉按钮后，可以捕捉栅格、切点、中点、轴点、面中心和其他选项。

4. 微调器捕捉切换

　　当右击主工具栏的空区域，在弹出的快捷菜单中选择"捕捉"命令可以打开"栅格和捕捉设置"对话框，如图1-40所示。可以使用"捕捉"选项卡上的这些复选框启用捕捉设置的任何组合。

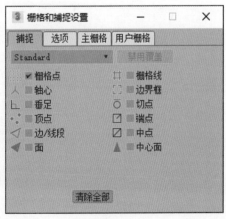

图1-40

1.3.8　隐藏/冻结操作

在视图中选择所要操作的对象，右击并在弹出的快捷菜单中将显示"隐藏选定对象"、"全部取消隐藏"、"冻结当前选择"等命令。下面将对常用选项进行介绍。

1. 隐藏与取消隐藏

在建模过程中为了便于操作，常常将部分物体暂时隐藏，以提高界面的操作速度，在需要的时候再将其显示。

在视口中选择需要隐藏的对象并右击，弹出如图1-41所示的快捷菜单，选择"隐藏选定对象"或"隐藏未选定对象"命令，将实现隐藏操作。

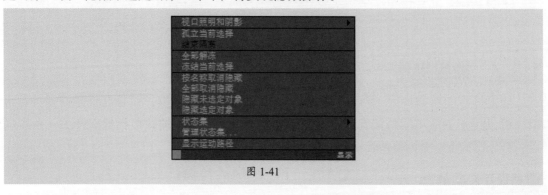

图 1-41

当不需要隐藏对象时，同样在视口中右击，在弹出的快捷菜单中选择"全部取消隐藏"或"按名称取消隐藏"命令，场景的对象将不再被隐藏。

2. 冻结与解冻

在建模过程中为了便于操作，避免对场景中对象的误操作。常常将部分物体暂时冻结，在需要的时候再将其解冻。

在视图中选择需要冻结的对象并右击，在弹出的快捷菜单中选择"冻结当前选择"命令，将实现冻结操作，如图1-42所示为冻结效果。当不需要冻结对象时，同样在视图中右击，在弹出的快捷菜单中选择"全部解冻"命令，场景的对象将不再被冻结，如图1-43所示为解冻效果。

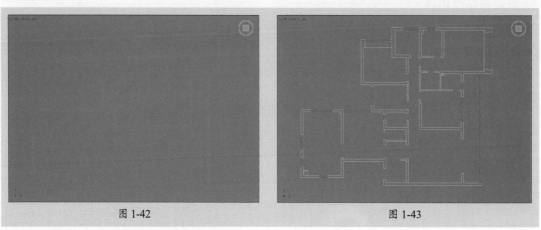

图 1-42　　　　　　　　　　　　　　　　图 1-43

1.3.9 成组操作

控制成组操作的命令集中在菜单栏的"组"菜单中，它包含了场景中的对象成组和解组的所有功能，包括组、解组、打开、按递归方式打开、关闭、附加、分离、炸开、集合，如图1-44所示。

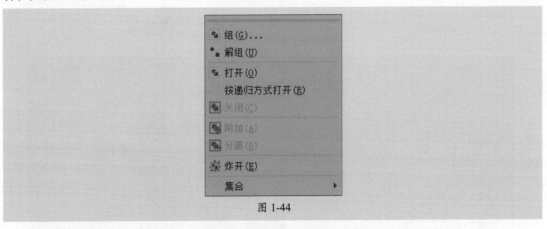

图 1-44

- **组：** 选择此命令可将对象或组的选择集组成为一个组。
- **解组：** 选择此命令可将当前组分离为其组件对象或组。
- **打开：** 选择此命令可暂时对组进行解组，并访问组内的对象。
- **关闭：** 选择此命令可重新组合打开的组。
- **附加：** 选择此命令可选定对象成为现有组的一部分。
- **分离：** 选择此命令可从对象的组中分离选定对象。
- **炸开：** 选择此命令可解组组中的所有对象。它与"解组"命令不同，"解组"只解组一个层级。
- **集合：** 在其级联菜单中提供了用于管理集合的命令。

1.4 效果图制作的流程

如今，室内外效果图制作领域已经发展到一个非常成熟的阶段，效果图的制作也有了一个模式化的操作流程，也正因为有了这个流程，效果图设计领域又细分出很多岗位。例如建模师、渲染师、灯光师、后期制作师等。作为一名效果图设计师，应用正确的流程可以保证效果图的制作效率和质量。下面将对效果图制作的大致流程进行介绍。

效果图制作的详细流程通常分为六步。

（1）使用3ds Max进行基础建模。利用CAD图纸和建模命令创建出符合要求的空间模型。

（2）在场景中创建摄像机，确定合适的角度。

（3）设置场景光源，包括主光源、辅助光源、室外光源等。

（4）为场景中各个模型指定合适的材质。

（5）调整渲染参数，渲染出图。

（6）后期效果处理。利用Photoshop对效果图进行后期加工和处理，使画面更完善。

课堂实战 │ 自定义工作界面

　　3ds Max默认界面的颜色是黑灰色，用户可以根据自己的喜好自由设置界面颜色，也可以直接将界面设置为浅色。具体操作步骤介绍如下。

步骤01 启动3ds Max应用程序，默认的工作界面如图1-45所示。

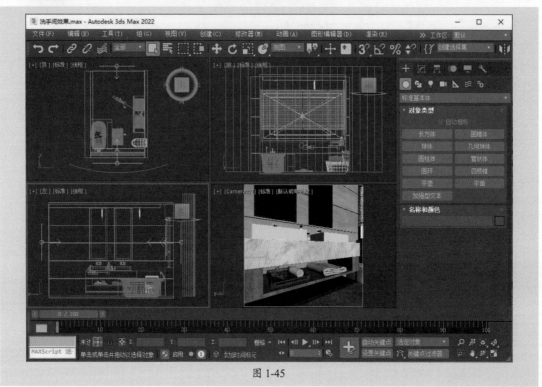

图 1-45

步骤02 执行"自定义"→"加载自定义用户界面方案"命令，打开"加载自定义用户界面方案"对话框。选择ame-light，如图1-46所示。

图 1-46

步骤 03 单击"打开"按钮，即可看到3ds Max的工作界面变成了浅灰色，如图1-47所示。

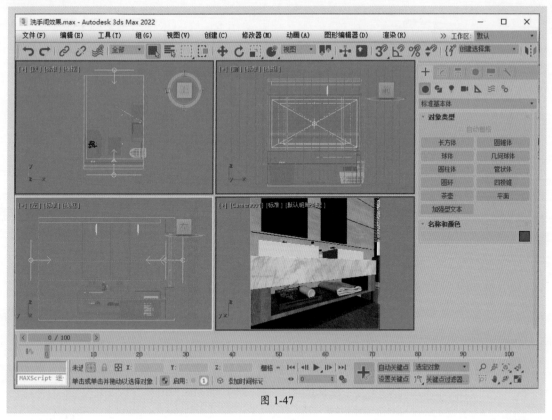

图 1-47

步骤 04 执行"视图"→"视口配置"命令，打开"视口配置"对话框，切换到"布局"选项卡，从中选择合适的布局类型，如图1-48所示。

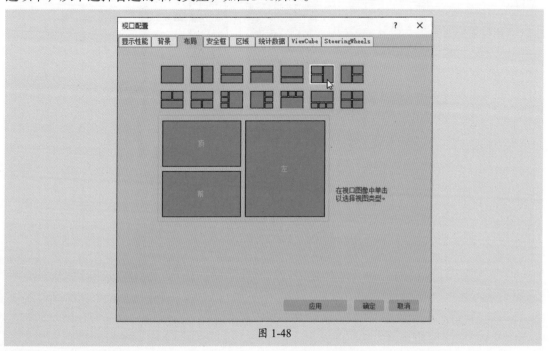

图 1-48

步骤 **05** 在左视图上右击，在弹出的快捷菜单中选择Camera001选项，更换视图，如图1-49所示。

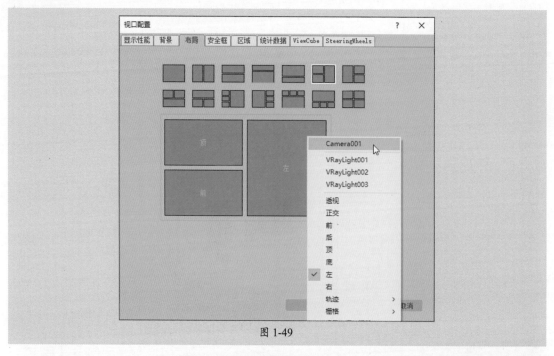

图 1-49

步骤 **06** 单击"应用"和"确定"按钮关闭"视口配置"对话框，在3ds Max的视图操作界面中将摄像机视图样式设为"默认明暗处理"样式即可，如图1-50所示。

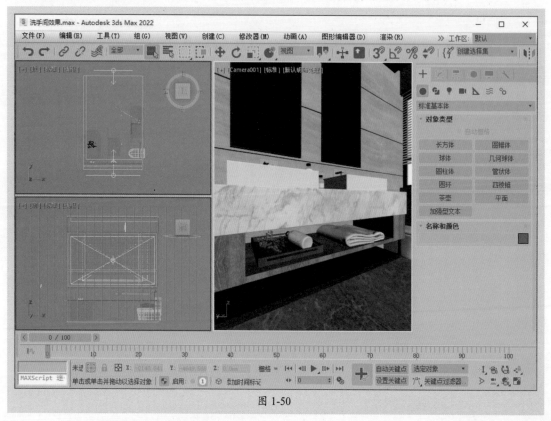

图 1-50

课后练习 创建简易书架模型

本练习将利用移动、复制、旋转等操作来创建一个简易的书架模型，效果如图1-51所示。

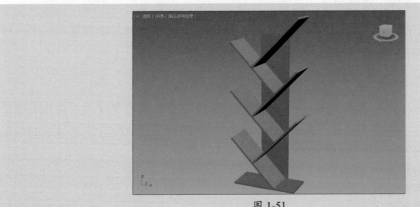

图 1-51

1. 技术要点

步骤 01 创建两个长方体，居中对齐，作为书架的骨架。

步骤 02 创建长方体并调整旋转角度，镜像复制对象再调整位置。

步骤 03 进行多次复制操作。

2. 分步演示

创建简易书架模型分步演示如图1-52所示。

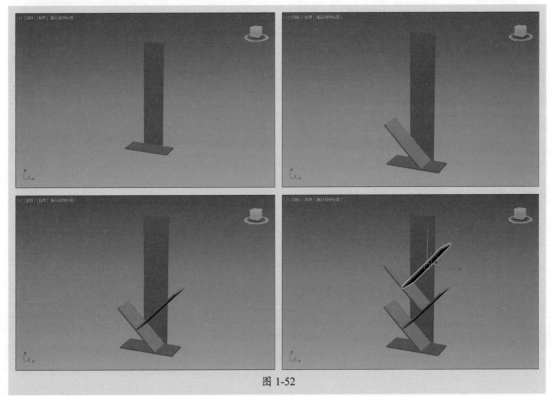

图 1-52

木之韵，彰显岁月沉淀之美

　　木材是用于家居装饰、建筑等方面的重要材料，对生活起着很大的作用。根据使用功能可分为板材、装饰面板、木地板、藤条制品等；根据表面纹理又可分为清漆木材质、哑光漆木材质、亮光木材质等。

1. 清漆木材质

　　清漆是一种透明的淡黄色的涂料，不仅不会影响物体的本来颜色和纹理，而且还能使木材呈现一定的光泽，对物体起到一种很好的装饰作用。在设置材质时应注意材质的贴图类型、表面凹凸纹理以及高光和反射效果。

2. 哑光木材质、亮光木材质

　　哑光漆和亮光漆都属于木器漆，可用于家具、地板等。哑光木材质光泽度和高光都较低，质感细腻，显得非常素雅，如图1-53所示。亮光木材质则有较强的光泽度和反射效果，质感光滑，在材质设置时应注意其反射值、光泽度及高光值。

图 1-53

第 2 章

基础建模技术

内容导读

　　本章将对3ds Max的基础建模功能进行介绍，其中包括标准基本体建模、扩展基本体建模、样条线建模这三种建模方式。不同的模型种类所选择的建模方式也不相同。通过对本章内容的学习，读者可以了解基本的建模方法与技巧，以便为后续学习复杂建模打下基础。

思维导图

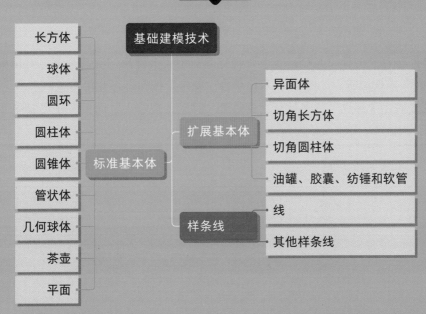

2.1 标准基本体

3ds Max中的标准基本体包含：长方体、球体、圆柱体、管状体、圆锥体等多种几何体。利用这些几何体可创建出模型的基础造型。用户可通过以下方式调用创建标准基本体命令。

- 执行"创建"→"标准"→"基本体"的子命令。
- 在命令面板中单击"创建"按钮 ，然后在其下方单击"几何体"按钮 ，打开"标准基本体"命令面板，在"对象类型"卷展栏中单击相应的标准基本体按钮，可在视图中拖动鼠标进行创建。

案例解析：制作木箱模型

本案例将利用长方体并结合相关对象变换命令来制作木箱模型。

步骤 01 在"标准基本体"命令面板中单击"长方体"按钮，在前视图中创建一个长方体。在右侧的命令面板中选择"参数"卷展栏，输入长方体的长度、宽度和高度参数，如图2-1所示。

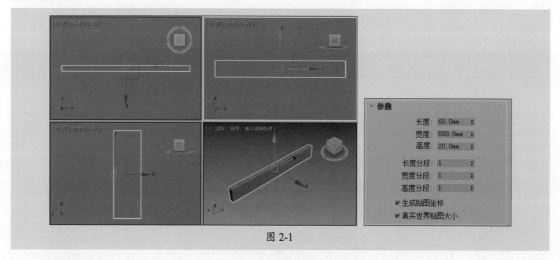

图 2-1

步骤 02 选择长方体，按Ctrl+V组合键克隆对象，会弹出"克隆选项"对话框，在其中选中"实例"单选按钮，如图2-2所示。单击"确定"按钮即可克隆对象。

步骤 03 右击"移动"工具按钮，会打开"移动变换输入"面板，在"偏移:世界"选项组的Y坐标的微调框中输入参数为500，如图2-3所示。

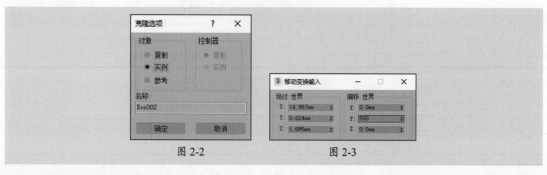

图 2-2   图 2-3

步骤 04 按Enter键即可移动长方体，如图2-4所示。

步骤 05 再按Ctrl+V组合键克隆对象，在弹出的"克隆选项"对话框中选择"复制"单选按钮，如图2-5所示。单击"确定"按钮即可克隆对象。

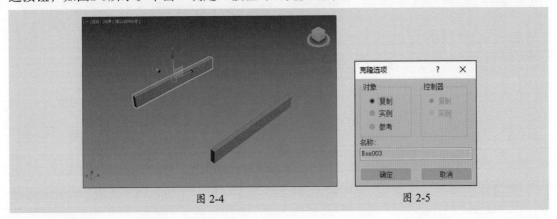

图 2-4   图 2-5

步骤 06 再右击"旋转"工具按钮，会打开"旋转变换输入"面板，在"偏移:世界"选项组的Z坐标的微调框中输入参数为90.0，如图2-6所示。

步骤 07 按Enter键即可旋转对象，如图2-7所示。

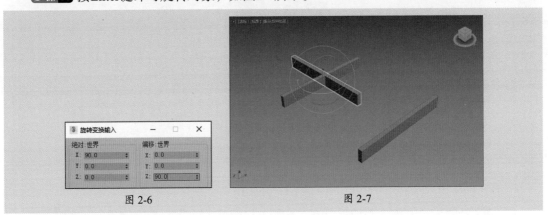

图 2-6   图 2-7

步骤 08 在"修改"面板中调整旋转后的长方体尺寸，如图2-8所示。

步骤 09 右击"捕捉开关"按钮，打开"栅格和捕捉设置"面板，在"捕捉"选项卡中选中"顶点"复选框，如图2-9所示。

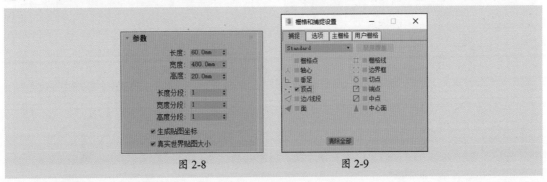

图 2-8   图 2-9

步骤 10 开启"捕捉开关"，在顶视图中捕捉模型的角点进行移动对齐，如图2-10所示。

步骤 11 选择"实例"方式克隆对象，捕捉并移动对象，如图2-11所示。

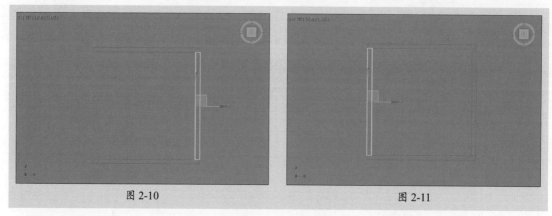

图 2-10　　　　　　　　　　　　　　图 2-11

步骤 12 选择全部长方体，按Ctrl+V组合键克隆对象，在前视图中沿着Y轴向下移动400mm，如图2-12所示。

步骤 13 选择一个长方体，进行"克隆"复制，调整高度为340mm，再旋转90°，调整位置，如图2-13所示。

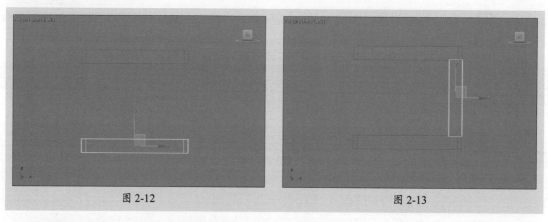

图 2-12　　　　　　　　　　　　　　图 2-13

步骤 14 复制该长方体，并捕捉对齐，如图2-14所示。

步骤 15 创建一个尺寸为420mm×60mm×10mm的长方体，对齐到模型顶部作为顶板，如图2-15所示。

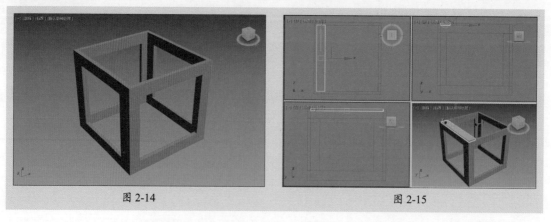

图 2-14　　　　　　　　　　　　　　图 2-15

步骤 16 选中长方体，按住Shift键的同时按住鼠标左键，复制对象，如图2-16所示。

步骤 17 将顶板复制到底部，创建尺寸为420mm×60mm×10mm的长方体作为侧板，并复制对象，如图2-17所示。

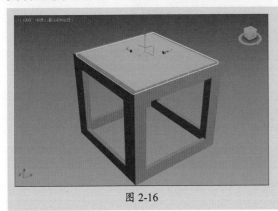
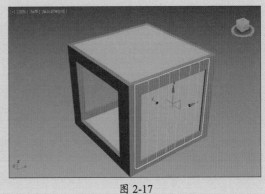

图 2-16　　　　　　　　　　　图 2-17

步骤 18 再次复制侧板对象到另外三个面，如图2-18所示。

步骤 19 复制一个侧板，调整长度为520mm，再将其旋转50°，并调整位置，如图2-59所示。

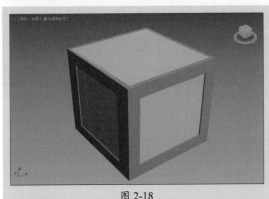
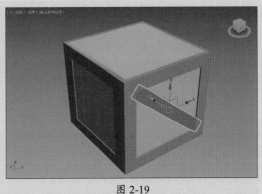

图 2-18　　　　　　　　　　　图 2-19

步骤 20 单击"镜像"按钮，打开"镜像"对话框，选择X轴为镜像轴，克隆方式为"实例"，如图2-20所示。

步骤 21 单击"确定"按钮即可镜像复制对象，如图2-21所示。

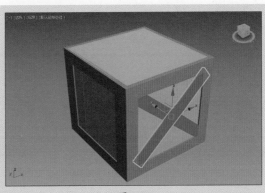

图 2-20　　　　　　　　　　　图 2-21

步骤 22 复制交叉模型至其他面，统一木箱颜色即可，如图2-22所示。

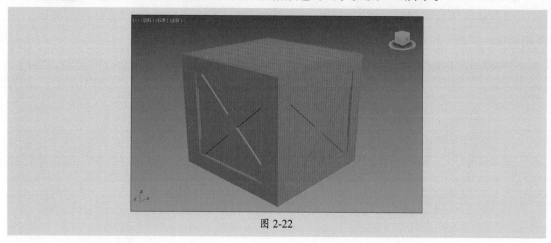

图 2-22

2.1.1 长方体

长方体是基础建模应用最广泛的标准基本体之一，现实中与长方体接近的物体有很多，可以使用长方体创建出很多模型，如方桌、墙体等，同时还可以将长方体用作多边形建模的基础物体。利用"长方体"命令可以创建出长方体或立方体，如图2-23、图2-24所示。

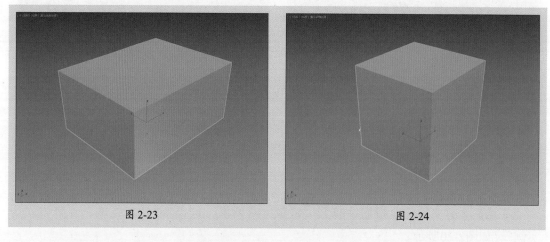

图 2-23   图 2-24

用户可以通过"参数"卷展栏设置长方体的长度、宽度、高度等参数，如图2-25所示。下面介绍创建长方体或立方体各参数选项的含义。

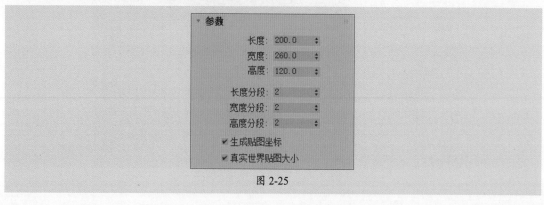

图 2-25

- **长度、宽度、高度**：这三个微调框用来设置长方体的长、宽、高数值，拖动鼠标创建长方体时，列表框中的数值会随之更改。
- **长度分段、宽度分段、高度分段**：这三个微调框用来设置各轴上的分段数量。
- **生成贴图坐标**：选中此复选框，为创建的长方体生成贴图材质坐标，默认为选中状态。
- **真实世界贴图大小**：选中此复选框，贴图大小由绝对尺寸决定，与对象相对尺寸无关。

操作提示

在创建长方体时，按住Ctrl并拖动鼠标，可以将创建的长方体的底面宽度和长度保持一致，再调整高度即可创建具有正方形底面的长方体。

2.1.2 球体

无论是建筑建模，还是工业建模，球形结构也是一种常见且重要的结构。在3ds Max中可以创建完整的球体，也可以创建半球或球体的其他部分，如图2-26所示。单击"球体"按钮，在命令面板下方将打开球体"参数"卷展栏，如图2-27所示。

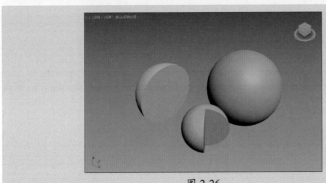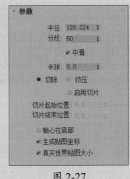

图 2-26   图 2-27

下面具体介绍在"参数"卷展栏中创建球体各选项的含义。

- **半径**：这个微调框用来设置球体半径的大小。
- **分段**：这个微调框用来设置球体的分段数目。设置分段会形成网格线，分段数值越大，网格密度越大。
- **平滑**：选中此复选框，将创建的球体表面进行平滑处理。
- **半球**：这个微调框用来创建部分球体，定义半球数值，可以定义减去创建球体的百分比数值。有效数值在0.0～1.0。
- **切除**：选中此单选按钮，通过在半球断开时将球体中的顶点和面去除来减少它们的数量，默认为选中状态。
- **挤压**：选中此单选按钮，保持球体的顶点数和面数不变，将几何体向球体的顶部挤压为半球体的体积。
- **启用切片**：选中此复选框，可以启用切片功能，从某个角度和另一个角度创建球体。
- **切片起始位置、切片结束位置**：选中"启用切片"复选框时，即可激活"切片起始位置"和"切片结束位置"微调框，并可以设置切片的起始角度和停止角度。

- **轴心在底部**：选中此复选框，将轴心设置为球体的底部。默认为禁用状态。

2.1.3 圆柱体

圆柱体在现实中很常见，比如玻璃杯和圆桌腿等。和创建球体类似，用户可以创建完整的圆柱体或者圆柱体的一部分，如图2-28所示。在"几何体"命令面板中单击"圆柱体"按钮后，在命令面板的下方会弹出圆柱体的"参数"卷展栏，如图2-29所示。

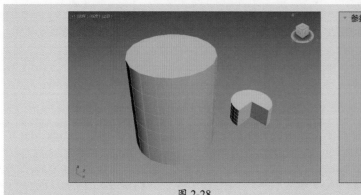
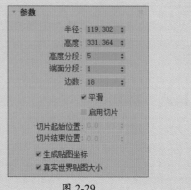

图 2-28   图 2-29

下面具体介绍在"参数"卷展栏中创建圆柱体各选项的含义。

- **半径**：此微调框用来设置圆柱体的半径大小。
- **高度**：此微调框用来设置圆柱体的高度值。在数值为负数时，将在构造平面下进行创建圆柱体。
- **高度分段**：此微调框用来设置圆柱体高度上的分段数值。
- **端面分段**：此微调框用来设置圆柱体顶面和底面中心的同心分段数量。
- **边数**：此微调框用来设置圆柱体周围的边数。

2.1.4 圆环

圆环可以用于创建环形或具有圆形横截面的环状物体。创建圆环的方法和其他标准基本体有许多相同点，用户可以创建完整的圆环，也可以创建圆环的一部分，如图2-30所示。在命令面板中单击"圆环"按钮后，在命令面板的下方将弹出圆环的"参数"卷展栏，如图2-31所示。

下面具体介绍在"参数"卷展栏中创建圆环各选项的含义。

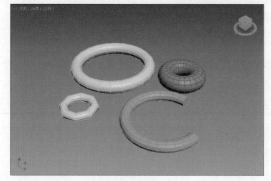

图 2-30   图 2-31

- **半径1**：此微调框用来设置圆环轴半径的大小。
- **半径2**：此微调框用来设置截面半径大小，定义圆环的粗细程度。
- **旋转**：在此微调框中输入一定数据时，将圆环顶点围绕通过环形中心的圆形旋转相应的角度。
- **扭曲**：此微调框用来决定每个截面扭曲的角度，产生扭曲的表面，数值设置不当，就会产生只扭曲第一段的情况，此时只需要将扭曲值设置为360.0，或者选中下方的"启用切片"复选框即可。
- **分段**：此微调框用来设置圆环的分段数划分数目。数值越大，得到的圆环越光滑。
- **边数**：此微调框用来设置圆环上下方向上的边数。
- **平滑**：在此选项组中包含全部、侧面、无和分段四个选项。全部：对整个圆环进行平滑处理；侧面：平滑圆环侧面；无：不进行平滑操作；分段：平滑圆环的每个分段，沿着环形生成类似环的分段。

2.1.5 圆锥体

圆锥体的创建大多用于创建天台、吊坠等，利用"参数"卷展栏中的选项，可以将圆锥体定义成各种形状，如图2-32所示。在"几何体"命令面板中单击"圆锥体"按钮，命令面板的下方将弹出圆锥体的"参数"卷展栏，如图2-33所示。

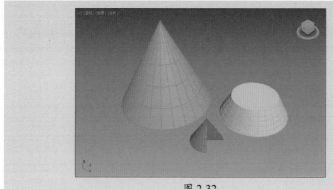
图 2-32

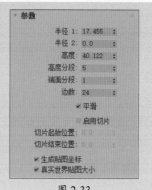
图 2-33

下面具体介绍在"参数"卷展栏中创建圆锥体各选项的含义。

- **半径1**：此微调框用来设置圆锥体的底面半径大小。
- **半径2**：此微调框用来设置圆锥体的顶面半径。当值为0时，则为尖顶圆锥体；当大于0时，则为平顶圆锥体。
- **高度**：此微调框用来设置圆锥体主轴的分段数。
- **高度分段**：此微调框用来设置圆锥体的高度分段。
- **端面分段**：此微调框用来设置围绕圆锥体顶面和底面的中心同心分段数。
- **边数**：此微调框用来设置圆锥体的边数。
- **平滑**：选中该复选框，圆锥体将进行平滑处理，在渲染中形成平滑的外观。
- **启用切片**：选中该复选框，将激活"切片起始位置"和"切片结束位置"微调框，在其中可以设置切片的角度。

2.1.6　几何球体

几何球体是由很多个三角形面拼接而成，其创建方法和球体的创建方法一致，在命令面板单击"几何球体"按钮后，在任意视图拖动鼠标即可创建几何球体，如图2-34所示。单击"几何球体"按钮后，将弹出"参数"卷展栏，如图2-35所示。

图 2-34　　　　　　　　　　　　　　图 2-35

下面具体介绍在"参数"卷展栏中创建几何球体各选项的含义。

- **半径**：此微调框用来设置几何球体的半径大小。
- **分段**：此微调框用来设置几何球体的分段。设置分段数值后，将创建网格，数值越大，网格密度越大，几何球体越光滑。
- **基本面类型**：此选项组中包括四面体、八面体、二十面体三种选项，这些选项分别代表相应的几何球体的面数。
- **平滑**：选中此复选框，渲染时平滑显示几何球体。
- **半球**：选中此复选框，将几何球体设置为半球状。
- **轴心在底部**：选中此复选框，几何球体的中心将设置为底部。

2.1.7　管状体

管状体的外形与圆柱体相似，不过管状体是空心的，主要应用于管道之类模型的制作，如图2-36所示。其创建方法非常简单，在"几何体"命令面板中单击"管状体"按钮，在命令面板的下方将弹出"参数"卷展栏，如图2-37所示。

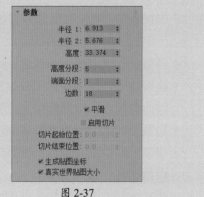

图 2-36　　　　　　　　　　　　　　图 2-37

下面具体介绍其在"参数"卷展栏中创建管状体各选项的含义。

- **半径1、半径2：**这两个微调框用来设置管状体的底面圆环的内径和外径的大小。
- **高度：**此微调框用来设置管状体高度。
- **高度分段：**此微调框用来设置管状体高度分段的精度。
- **端面分段：**此微调框用来设置管状体端面分段的精度。
- **边数：**此微调框用来设置管状体周围的边数。数值越大，渲染的管状体越平滑。
- **平滑：**选中此复选框，将对管状体进行平滑处理。
- **启用切片：**选中此复选框，将激活"切片起始位置"和"切片结束位置"微调框，在其中可以设置切片的角度。

2.1.8　茶壶

茶壶是标准基本体中唯一完整的三维模型实体，单击并拖动鼠标即可创建茶壶的三维实体，如图2-38所示。在命令面板中单击"茶壶"按钮后，命令面板下方会显示其"参数"卷展栏，如图2-39所示。

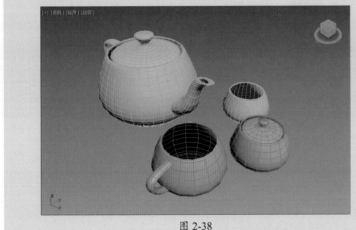

图 2-38

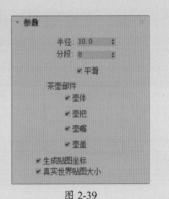

图 2-39

下面具体介绍在"参数"卷展栏中创建茶壶各选项的含义。

- **半径：**此微调框用来设置茶壶的半径大小。
- **分段：**此微调框用来设置茶壶及单独部件的分段数。
- **茶壶部件：**在该选项组中包含壶体、壶把、壶嘴、壶盖四个茶壶部件的复选框。如果取消选中相应部件的复选框，则在视图区将不显示该部件。

2.1.9　平面

平面是一种没有厚度的长方体，在渲染时可以无限放大，如图2-40所示。平面常用来创建大型场景的地面或墙体。此外，用户可以为平面模型添加噪波等修改器，来创建陡峭的地形或波涛起伏的海面。

在"几何体"命令面板中单击"平面"按钮，命令面板的下方将显示其"参数"卷展栏，如图2-41所示。

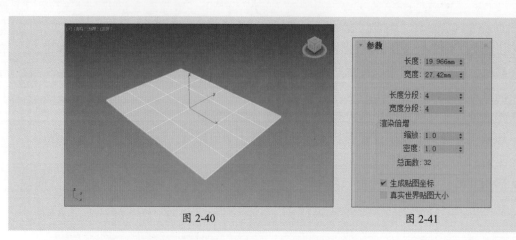

图 2-40 图 2-41

下面具体介绍在"参数"卷展栏中创建平面各选项的含义。

- **长度**：此微调框用来设置平面的长度。
- **宽度**：此微调框用来设置平面的宽度。
- **长度分段**：此微调框用来设置长度的分段数量。
- **宽度分段**：此微调框用来设置宽度的分段数量。
- **渲染倍增**：该选项组包含缩放、密度、总面数三个选项。
  - ◆ **缩放**：此微调框用来指定平面几何体的长度和宽度在渲染时的倍增数值，从平面几何体中心向外缩放。
  - ◆ **密度**：此微调框用来指定平面几何体的长度和宽度分段数在渲染时的倍增数值。
  - ◆ **总面数**：此处显示创建平面物体中的总面数。

2.2 扩展基本体

扩展基本体是可以创建一些带有倒角、圆角或特殊几何体的模型。例如切角长方体、六面体、软管体等。用户可以通过以下方式创建扩展基本体。

（1）执行"创建"→"扩展基本体"的子命令。

（2）在命令面板中单击"创建"按钮，然后单击"标准基本体"右侧的 ▼ 按钮，在弹出的列表框中选择"扩展基本体"选项，并在该列表中选择相应的"扩展基本体"按钮。

2.2.1 异面体

异面体是由多个边面组合而成的三维实体图形，它可以调节异面体边面的状态，也可以调整实体面的数量改变其形状，如图2-42所示。在"扩展基本体"命令面板中单击"异面体"按钮后，在命令面板下方将弹出创建异面体的"参数"卷展栏，如图2-43所示。

图 2-42

下面具体介绍在"参数"卷展栏中创建异面体各选项组的含义。

- **系列**：该选项组包含四面体、立方体/八面体、十二面体/二十面体、星形1、星形2五个单选按钮。主要用来定义创建异面体的形状和边面的数量。
- **系列参数**：该选项组中的P和Q两个参数控制异面体的顶点和轴线双重变换关系，两者之和不可以大于1。
- **轴向比率**：该选项组中的P、Q、R三个参数分别为其中一个面的轴线，设置相应的参数可以使其面凸出或者凹陷。
- **顶点**：三项单选按钮是用来设置异面体的顶点。
- **半径**：此微调框用来设置创建异面体的半径大小。

图 2-43

2.2.2　切角长方体

切角长方体在创建模型时应用十分广泛，常被用于创建带有圆角的长方体结构，如图2-44所示。在"扩展基本体"命令面板中单击"切角长方体"按钮后，在命令面板下方将弹出设置切角长方体的"参数"卷展栏，如图2-45所示。

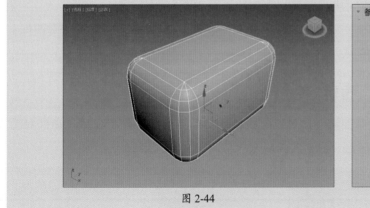

图 2-44

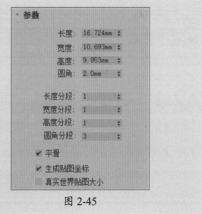

图 2-45

下面具体介绍在"参数"卷展栏中创建切角长方体各选项的含义。

- **长度、宽度**：这两个微调框用来设置切角长方体底面、顶面的长度和宽度。
- **高度**：此微调框用来设置切角长方体的高度。
- **圆角**：此微调框用来设置切角长方体的圆角半径。数值越大，圆角半径越明显。
- **长度分段、宽度分段、高度分段、圆角分段**：这几个微调框用来设置切角长方体分别在长度、宽度、高度和圆角上的分段数目。

2.2.3　切角圆柱体

切角圆柱体是圆柱体的扩展物体，可以快速创建出带圆角效果的圆柱体，如图2-46所示。创建切角圆柱体和创建切角长方体的方法相同，但在其"参数"卷展栏中设置圆柱体的各参数却有部分不相同，如图2-47所示。

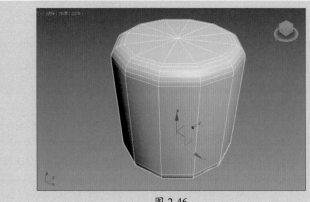
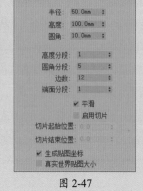

图 2-46　　　　　　　　　　　　　　　图 2-47

下面具体介绍在"参数"卷展栏中创建切角圆柱体各选项的含义。

- **半径**：此微调框用来设置切角圆柱体的底面或顶面的半径大小。
- **高度**：此微调框用来设置切角圆柱体的高度。
- **圆角**：此微调框用来设置切角圆柱体的圆角半径大小。
- **高度分段、圆角分段、端面分段**：这三个微调框用来设置切角圆柱体高度、圆角和端面的分段数目。
- **边数**：此微调框用来设置切角圆柱体周边的边数。数值越大，圆柱体越平滑。
- **平滑**：选中此复选框，即可将创建的切角圆柱体在渲染中进行平滑处理。
- **启动切片**：选中此复选框，将激活"切片起始位置"和"切片结束位置"微调框，在其中可以设置切片的角度。

2.2.4　油罐、胶囊、纺锤和软管

油罐、胶囊和纺锤是特殊效果的圆柱体，而软管则是一个能连接两个对象的弹性对象，因而能反映这两个对象的运动路线，如图2-48所示。

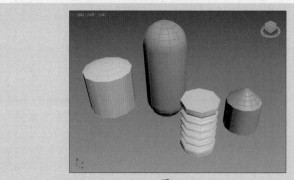

图 2-48

2.3 样条线

样条线建模是将形状或复杂的曲线通过添加修改器，使其生成实体模型的一种建模方式。系统内置了13种样条线类型，如线、矩形、圆、椭圆、弧、圆环等，如图2-49所示。用户可在"创建"面板中单击"图形"按钮 🖻，选择"样条线"选项，在打开的命令面板中单击所需样条线对应的按钮即可创建。

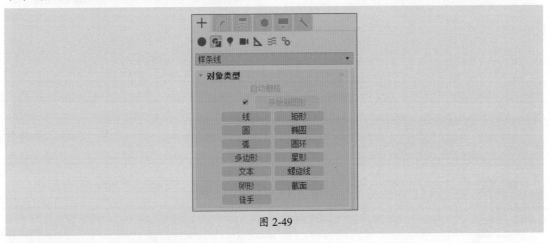

图 2-49

案例解析：创建圆形茶几模型

本案例将利用样条线命令，并结合几何体相关命令来创建一组圆形茶几模型。

步骤 01 在"样条线"命令面板中单击"圆"按钮，在顶视图创建半径为300mm的圆形茶几边框，如图2-50所示。

步骤 02 打开"渲染"卷展栏，选中"在渲染中启用"和"在视口中启用"复选框，选中"矩形"单选按钮，再设置长度和宽度分别为10.0，如图2-51所示。设置渲染参数后的效果如图2-52所示。

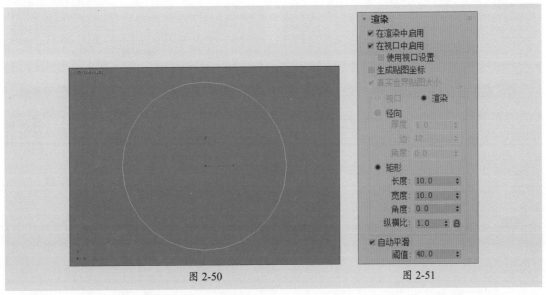

图 2-50　　　　　　　　　图 2-51

步骤 **03** 右击"捕捉开关"按钮,打开"栅格和捕捉设置"对话框,选中"轴心"选项,在"标准基本体"面板中单击"圆柱体"按钮,捕捉轴心创建半径为295mm、高度为10mm、边数为28的圆柱体座位桌面,调整位置,如图2-53所示。

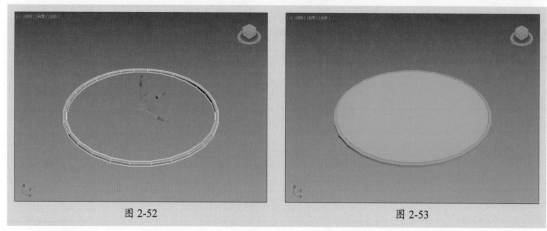

图 2-52   图 2-53

步骤 **04** 单击"长方体"按钮,创建尺寸为10mm×10mm×450mm,调整对象位置,如图2-54所示。

步骤 **05** 切换到顶视图并最大化视口,利用旋转工具选择长方体,在工具栏单击"使用变换坐标中心"按钮 ,使旋转图标位于圆心位置,如图2-55所示。

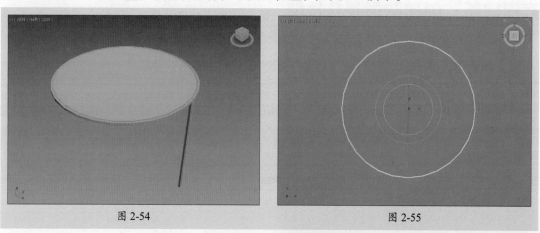

图 2-54   图 2-55

步骤 **06** 按住Shift键旋转对象,用实例方式复制出两个长方体,制作出茶几的支柱,如图2-56所示。

图 2-56

步骤 **07** 再激活移动工具，按住Shift键将圆向下进行复制，作为茶几底座，制作出一个茶几模型，如图2-57所示。

步骤 **08** 选择茶几模型，在主工具栏单击"镜像"按钮，打开"镜像:世界坐标"对话框，选择镜像轴为Y，再选中"复制"单选按钮，如图2-58所示。

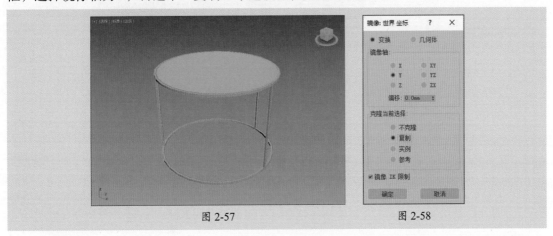

图 2-57   图 2-58

步骤 **09** 单击"确定"按钮完成镜像复制，将复制的模型对象移出来，如图2-59所示。

步骤 **10** 选择圆形，修改半径为200mm；选择圆柱体并修改半径为195mm；选择支柱并设置高度为300mm，调整模型位置，如图2-60所示。

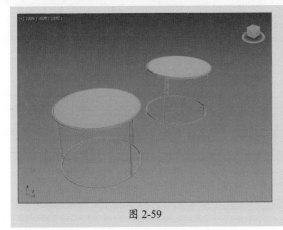

图 2-59   图 2-60

步骤 **11** 删除小茶几的底座，单击"圆弧"按钮，创建一个半径为200mm的圆弧，设置起点和端点，如图2-61所示。

图 2-61

步骤 12 调整并旋转模型，完成圆形茶几模型的创建操作，如图2-62所示。

图 2-62

2.3.1 线

线在样条线中比较特殊，没有可编辑的参数，只能利用顶点、线段和样条线子层级进行编辑。按下鼠标左键时若立即释放便形成折角，若继续拖动一段距离后再释放便形成圆滑的弯角，如图2-63、图2-64所示。

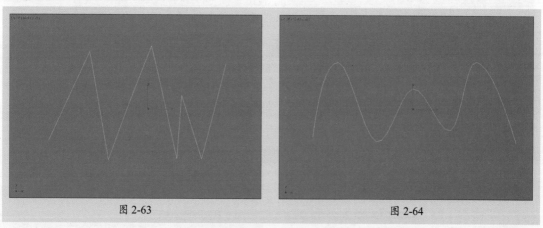

图 2-63   图 2-64

在"几何体"卷展栏中，由"角点"所定义的点形成的线是严格的折线，由"平滑"所定义的节点形成的线可以是圆滑相接的曲线，由Bezier（贝塞尔）所定义的节点形成的线是依照Bezier算法得出的曲线，通过移动一点的切线控制柄来调节经过该点的曲线形状，卷展栏如图2-65所示。

下面将介绍"几何体"卷展栏中常用选项的含义。

- **创建线：** 单击此按钮时在此样条线的基础上再加线。
- **断开：** 单击此按钮将一个顶点断开成两个点。
- **附加：** 单击此按钮将两条线转换为一条线。
- **优化：** 单击此按钮可以在线条上任意加点。

- **焊接**：单击此按钮将断开的点焊接起来，"连接"和"焊接"的作用是一样的，只不过"连接"必须是重合的两点。
- **插入**：单击此按钮不但可以插入点还可以插入线。
- **熔合**：单击此按钮表示将两个点重合，但还是两个点。
- **圆角**：单击此按钮将给直角一个圆滑度。
- **切角**：单击此按钮将直角切成一条直线。
- **隐藏**：单击此按钮把选中的点隐藏起来，但还是存在的。
- **全部取消隐藏**：单击此按钮把隐藏的点都显示出来。
- **删除**：单击此按钮表示删除不需要的点。

图 2-65

2.3.2 其他样条线

掌握线的创建操作后，相对其他样条线的创建就简单了很多，下面将对其进行介绍。

1. 矩形

矩形常用于创建简单家具的拉伸原形。关键参数有"可渲染""步数""长度""宽度"和"角半径"，其中常用选项的含义介绍如下。

- **长度**：此选项用来设置矩形的长度。
- **宽度**：此选项用来设置矩形的宽度。
- **角半径**：此选项用来设置角半径的大小。

单击"矩形"按钮，在顶视图拖动鼠标即可创建矩形样条线，进入"修改"命令面板，在"参数"卷轴栏中可以设置样条线的参数。

2. 圆 / 椭圆

在"图形"命令面板中单击"圆"按钮。在任意视图中单击并拖动鼠标即可创建圆。

创建椭圆样条线和圆形样条线的方法类似，通过"参数"卷展栏可以设置半轴的长度和宽度。

3. 圆环

圆环需要设置内框线和外框线，在"图形"命令面板中单击"圆环"按钮，在"顶"视图拖动鼠标创建圆环外框线，释放鼠标左键并拖动鼠标，即可创建圆环内框线，如图2-66所示。按一下鼠标左键完成创建圆环操作，在"参数"卷展栏可以设置半径1和半径2的大小，如图2-67所示。

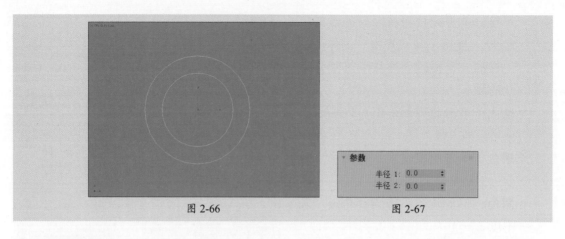

图 2-66   图 2-67

4. 多边形 / 星形

多边形和星形属于多线段的样条线图形，通过边数和点数可以设置样条线的形状。在"参数"卷展栏中有许多设置多边形的选项，如图2-68、图2-69所示。

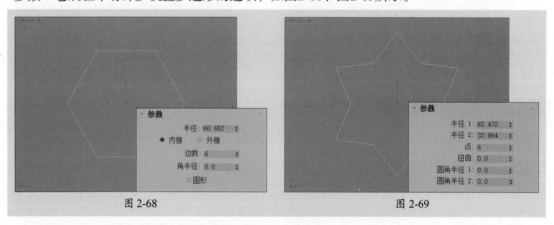

图 2-68   图 2-69

下面具体介绍在"参数"卷展栏中创建多边形各选项的含义。

● **半径：** 此微调框用来设置多边形半径的大小。

● **内接、外接：** 这两个单选按钮用来确定半径是内接的还是外接的。内接是指多边形的中心点到角点之间的距离为内切圆的半径；外接是指多边形的中心点到角点之间的距离为外接圆的半径。

● **边数：** 此微调框用来设置多边形边数。数值范围为3～100，默认边数为6。

● **角半径：** 此微调框用来设置圆角半径大小。

● **圆形：** 选中该复选框，多边形即可变成圆形。

由图2-69可知，设置星形的选项由半径1、半径2、点、扭曲等组成。下面具体介绍其各选项的含义。

● **半径1、半径2：** 这两个微调框用来设置星形的内、外半径。

● **点：** 此微调框用来设置星形的顶点数目，数值范围为3～100。默认情况下，创建星形的顶点数目为6。

● **扭曲：** 此微调框用来设置星形的扭曲程度。

● **圆角半径1、圆角半径2：** 这两个微调框用来设置星形内、外圆环上的圆角半径大小。

在创建星形半径2时，向内拖动，可将第一个半径作为星形的顶点，或者向外拖动，将第二个半径作为星形的顶点。

5. 文本

在"图形"命令面板中单击"文本"按钮，接着在视图中单击即可创建一个默认的文本，文本内容为"风华正茂"，如图2-70所示。在其"参数"卷展栏中用户可以对文本的字体、大小和特性等进行设置，如图2-71所示。

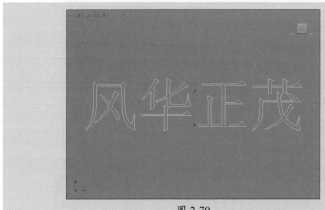

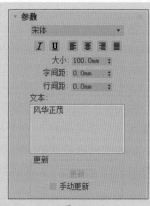

图2-70　　　　　　　　　　　　　　　　图2-71

6. 弧

利用"弧"样条线可以创建圆弧和扇形，创建的弧形状可以通过修改器生成带有平滑圆角的图形。

在"图形"命令面板上单击"弧"按钮，在绘图区中单击并拖动鼠标创建线段，释放左键后上下拖动鼠标或者左右拖动鼠标，即可显示弧线，再次单击确认，完成弧的创建，如图2-72所示。

在命令面板下方的"创建方法"卷展栏中，可以设置样条线的创建方式；在其"参数"卷展栏中可以设置弧样条线的各参数，如图2-73所示。

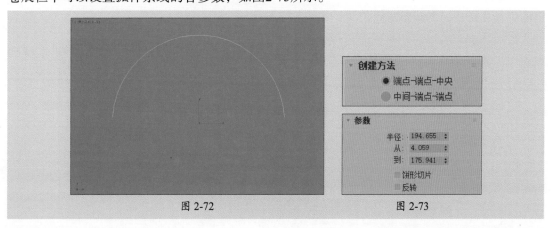

图2-72　　　　　　　　　　　　　　　　图2-73

下面具体介绍各选项的含义。

- **端点–端点–中央：**设置"弧"样条线以端点-端点-中央的方式进行创建。
- **中间–端点–端点：**设置"弧"样条线以中间-端点-端点的方式进行创建。
- **半径：**此微调框用来设置弧形的半径。
- **从：**此微调框用来设置弧形样条线的起始角度。
- **到：**此微调框用来设置弧形样条线的终止角度。
- **饼形切片：**选中该复选框，创建的弧形样条线会更改成封闭的扇形。
- **反转：**选中该复选框，即可反转弧形，生成弧形所属圆周另一半的弧形。

课堂实战 创建时尚吊灯模型

本案例将结合本章所学的知识内容，来绘制一个吊灯模型。在绘制过程中所运用到的命令有：创建标准基本体、创建样条线以及克隆、旋转模型等。具体操作如下。

步骤 01 在"标准基本体"命令面板中单击"圆柱体"按钮，创建一个半径为100.0mm、高度为20.0mm的圆柱体作为灯具底盘，再调整分段和边数，如图2-74所示。

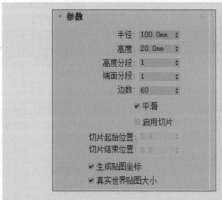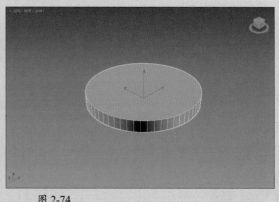

图 2-74

步骤 02 按Ctrl+V组合键，选择"复制"方式克隆对象，在"参数"卷展栏中修改圆柱体的半径和高度，再调整对象位置，如图2-75所示。

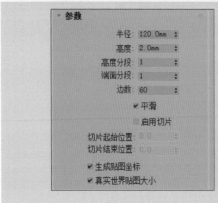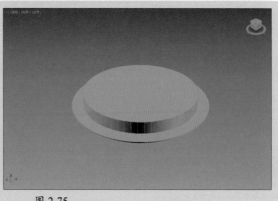

图 2-75

步骤 03 单击"管状体"按钮，创建一个管状体作为灯管，并在"参数"卷展栏调整参数，如图2-76所示。

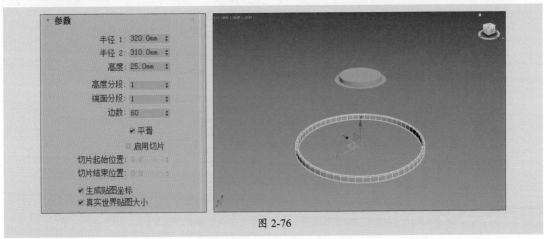

图 2-76

步骤 04 按Ctrl+V组合键，选择"复制"方式克隆管状体，再修改属性参数，如图2-77所示。

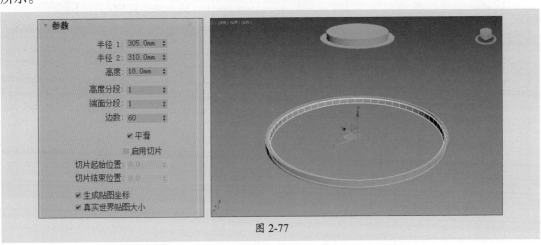

图 2-77

步骤 05 复制对象，并向下移动，调整管状体的半径，如图2-78所示。

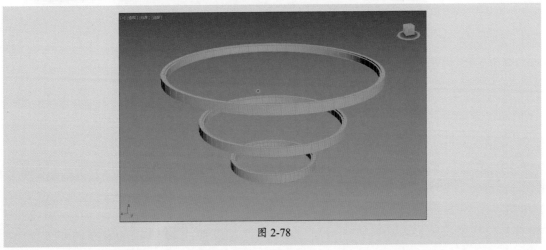

图 2-78

步骤 06 激活"旋转"工具，分别在顶视图和前视图中旋转灯管对象，如图2-79所示。

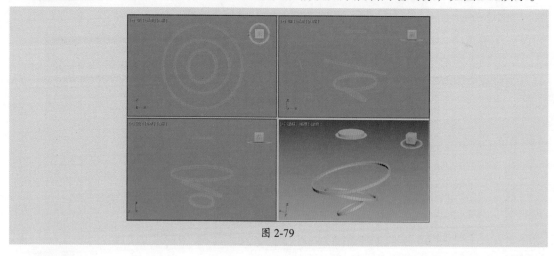

图 2-79

步骤 07 单击"线"按钮，在视图中绘制样条线以连接最大的灯管和底盘，如图2-80所示。

步骤 08 选择样条线，在"渲染"卷展栏中设置启用渲染效果，如图2-81所示。

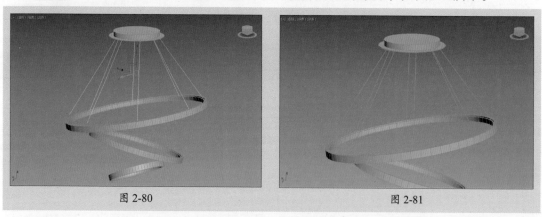

图 2-80   图 2-81

步骤 09 照此方法绘制其他连接线，完成吊灯模型的制作，如图2-82所示。

图 2-82

课后练习 创建台灯模型

本练习将利用几何体建模的相关命令来创建台灯模型，效果如图2-83所示。

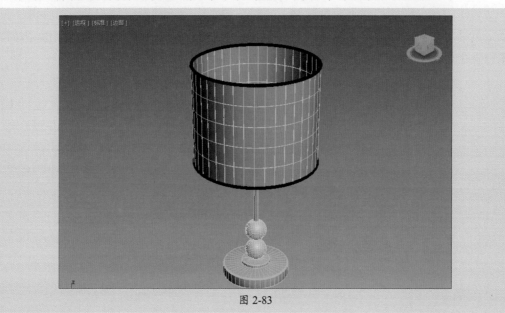

图 2-83

1. 技术要点

步骤 01 执行"切角圆柱体""圆柱体""球体""克隆"等命令绘制台灯底座。

步骤 02 执行"管状体"命令、"圆环"命令和"复制"命令绘制灯罩。

2. 分步演示

创建台灯模型的分步演示如图2-84所示。

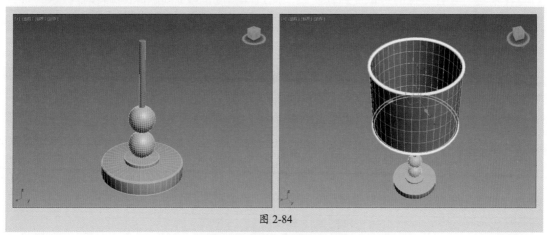

图 2-84

石之韵，尽显坚韧和典雅

石材作为一种高档的建筑装饰材料，广泛应用于室内外装饰设计、幕墙装饰等。目前市场上常见的石材主要成分为天然石、人造石和大理石等。以拙朴、厚重、沉稳、高贵的艺术特质在环境艺术氛围营造中占有重要地位。图2-85所示为利用石材做背景墙的效果。

图 2-85

效果图中要表现石材的特性，可通过以下几个方面来体现。

1. 质感与纹理

石材具有独特的质感和纹理，如粗糙的表面、清晰的纹理或颗粒感等。这些特点使得石材在视觉上具有很强的辨识度和真实感。通过高精度的纹理贴图和材质模拟技术，可以精确地还原石材的质感和纹理，使得石材看起来更加逼真。

2. 光泽与反射

石材的光泽度和反射特性会因种类和表面处理方式的不同而有所差异。有些石材可能具有高光和强烈的反射效果，而有些则可能呈现出哑光和低反射的效果。通过调整材质的光泽度和反射参数，可以模拟出不同石材的光泽和反射特性，从而增强场景的真实感。

3. 色彩与色调

石材的色彩和色调丰富多样，从浅色调到深色调，从冷色到暖色，都有涵盖。这些色彩和色调的变化使得石材在视觉效果上更加多样和丰富。用户可以根据实际需求选择合适的石材色彩和色调，以营造出不同的氛围和风格。

4. 硬度与立体感

石材通常具有较高的硬度和密度，这使得它在视觉上呈现出强烈的立体感。通过模拟石材的硬度和立体感，可以使得场景中的石材看起来更加坚实、稳重，增强场景的空间感和层次感。

第 **3** 章

复杂建模技术

内容导读

在创建复杂的模型时，内置的几何体建模方式已经无法满足创建需求了。这时就需要使用一些更高级的建模方式来操作。本章将从创建复合模型、修改器建模、NURBS建模以及多边形建模这四种建模方法来介绍复杂模型的创建与编辑的操作。通过对本章内容的学习，读者可以全面地了解3ds Max建模的方法，可以游刃有余地创建出符合要求的模型。

思维导图

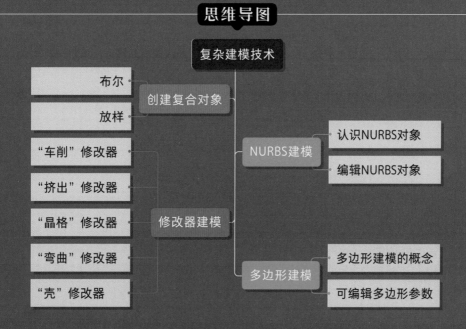

3.1 创建复合对象

复合对象是将两个或两个以上的对象通过不同的创建方式，使其生成一个新对象。在"创建"面板中选择"复合对象"选项，即可看到所有对象类型，如图3-1所示。其中"布尔"和"放样"这两种创建类型较为常用。

图 3-1

案例解析：创建烟灰缸模型

本案例中将利用"布尔"命令来制作烟灰缸模型。

步骤01 在"扩展基本体"命令面板中单击"切角圆柱体"按钮，创建一个切角圆柱体，在其"参数"卷展栏中调整参数，如图3-2所示。

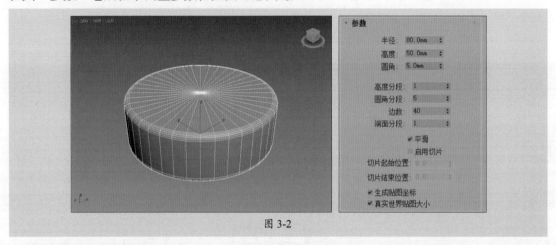

图 3-2

步骤02 按Ctrl+V组合键，选择"克隆"方式，在"参数"卷展栏中修改对象参数，然后调整位置，如图3-3所示。

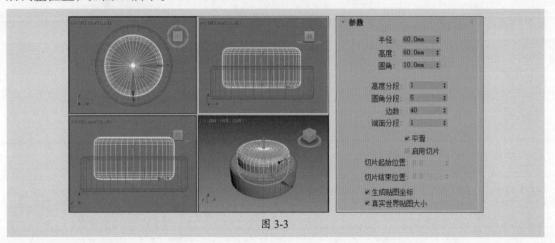

图 3-3

步骤 **03** 选择所创建的第一个切角长方体，在"复合对象"命令面板中单击"布尔"按钮，在下方展开的"运算对象参数"卷展栏中单击"差集"按钮，如图3-4所示。

步骤 **04** 在"布尔参数"卷展栏中单击"添加运算对象"按钮，在视图中单击拾取另一个切角长方体，对二者进行差集运算，制作出烟灰缸主体模型，如图3-5所示。

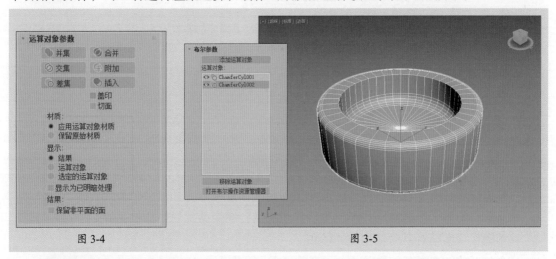

图 3-4   图 3-5

步骤 **05** 在"标准几何体"命令面板中单击"圆柱体"按钮，创建两个半径为8mm、高度为200mm的圆柱体，并将其相交，如图3-6所示。

步骤 **06** 将两个圆柱体相交于烟灰缸主体模型中，按照以上方法，单击"布尔"命令，将圆柱体从主体模型中减去，制作出烟灰缸的凹槽，完成烟灰缸模型的制作，如图3-7所示。

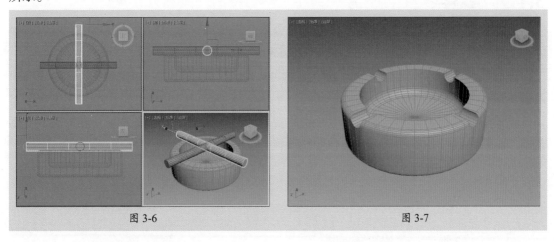

图 3-6   图 3-7

3.1.1 布尔

布尔是通过对两个以上的物体进行布尔运算，从而得到新的物体形态。布尔运算包括并集、差集、交集和合并等运算方式，利用不同的运算方式，会形成不同的物体形状。

在视口中选取源对象，接着在命令面板中单击"布尔"按钮，此时右侧会打开"布尔参数"和"运算对象参数"卷展栏，如图3-8、图3-9所示。单击"添加运算对象"按钮，在"运算对象参数"卷展栏中选择运算方式，然后选取目标对象即可进行布尔运算。

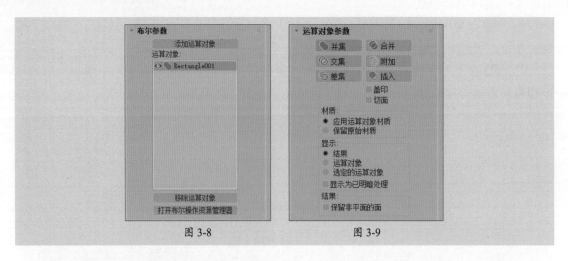

图 3-8   图 3-9

布尔运算类型包括并集、交集、差集、合并、附加和插入六种，具体含义介绍如下。

- **并集**：结合两个对象的体积。几何体的相交部分或重叠部分会被丢弃。
- **交集**：使两个原始对象共同的重叠体积相交，剩余的几何体会被丢弃。
- **差集**：从基础对象移除相交的体积。
- **合并**：使两个对象相交并组合，而不移除任何原始多边形。
- **附加**：将多个对象合并成一个对象，而不影响各对象的拓扑。
- **插入**：从操作对象A减去操作对象B的边界图形，操作对象B的图形不受此操作的影响。

3.1.2　放样

放样是将二维图形作为横截面，沿着一定的路径生成三维模型，所以只可以对样条线进行放样。同一路径上可以在不同段给予不同的截面，从而实现很多复杂模型的构建。

选择横截面，在"复合对象"面板中单击"放样"按钮，在右侧的"创建方法"卷展栏中单击"获取路径"按钮，接着在视口中单击路径即可完成放样操作。如果先选择路径，则需要在"创建方法"卷展栏中单击"获取图形"按钮并拾取路径。其参数面板主要包括"曲面参数"卷展栏、"路径参数"卷展栏和"蒙皮参数"卷展栏，如图3-10所示。

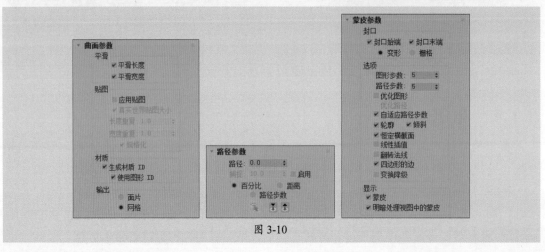

图 3-10

三个卷展栏中常用选项含义如下。

- **路径**：在此微调框中可通过输入值或单击微调按钮来设置路径的级别。
- **图形步数**：此微调框用来设置横截面图形的每个顶点之间的步数。该值会影响围绕放样周界的边的数目。
- **路径步数**：此微调框用来设置路径的每个主分段之间的步数。该值会影响沿放样长度方向的分段的数目。
- **优化图形**：如果选中该复选框，则对于横截面图形的直分段，忽略"图形步数"。

3.2 修改器建模

修改器是3ds Max中比较重要的功能。利用修改器可以快速并精确地对模型形态进行调整和细节雕琢。系统提供了多种修改器功能，同一对象可以添加多个修改器，并且修改器添加的顺序会影响到模型生成的结果。

用户可在"修改"面板中选择"修改器列表"选项，在打开的列表中选择所需修改器名称即可添加至当前对象中。

案例解析：创建简约容器模型

本案例将利用"车削"修改器创建一个简约的容器模型。

步骤 **01** 单击"线"按钮，在前视图中创建一个样条线轮廓，如图3-11所示。

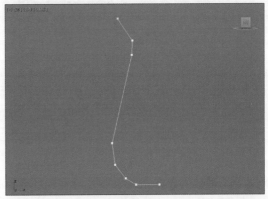

图 3-11

步骤 **02** 在"修改"面板中打开修改器堆栈栏，进入"顶点"子层级，选中如图3-12所示的顶点。

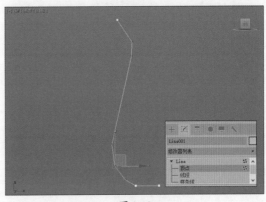

图 3-12

步骤 03 右击选中的顶点，将其转换为Bezier角点，再调整控制柄，如图3-13所示。

步骤 04 进入"样条线"子层级，在"几何体"卷展栏中设置"轮廓"值为2，给样条线添加轮廓，如图3-14所示。

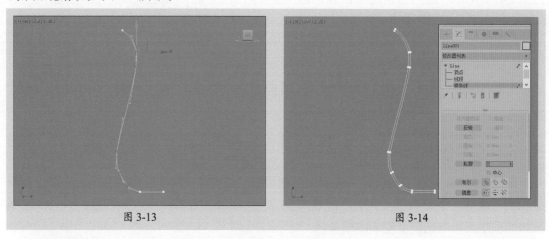

图 3-13   图 3-14

步骤 05 进入"顶点"子层级，选择如图3-15所示的顶点。

步骤 06 在"几何体"卷展栏中单击"圆角"按钮，调整顶点圆角效果，如图3-16所示。

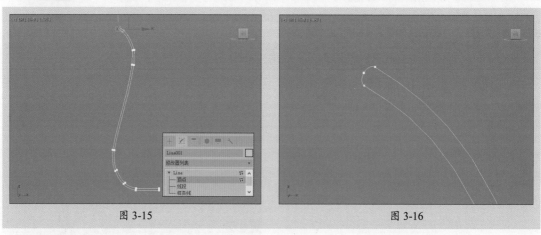

图 3-15   图 3-16

步骤 07 为该样条线添加"车削"修改器，初始效果如图3-17所示。

步骤 08 在"参数"卷展栏中单击"最大"按钮，完成容器模型的制作，如图3-18所示。

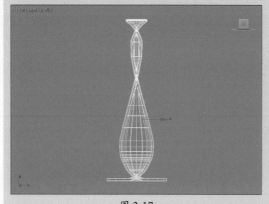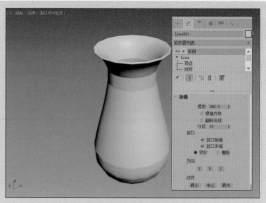

图 3-17   图 3-18

3.2.1 "车削"修改器

"车削"修改器可以将绘制的二维样条线旋转一周，生成旋转体，用户也可以设置旋转角度，更改实体旋转效果。

"车削"修改器通过旋转绘制的二维样条线创建三维实体，该修改器用于创建中心放射物体，在使用"车削"修改器后，在命令面板的下方将显示"参数"卷展栏，如图3-19所示。

下面具体介绍"车削"修改器的"参数"卷展栏中各选项的含义。

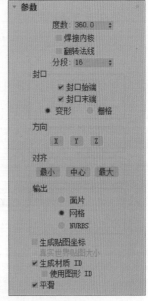

- **度数：** 此微调框用来设置车削实体的旋转度数。
- **焊接内核：** 选中此复选框，可将中心轴向上重合的点进行焊接精减，以得到结构相对简单的模型。
- **翻转法线：** 选中此复选框，可将模型表面的法线方向翻转。
- **分段：** 此微调框用来设置车削线段后，旋转出的实体上的分段，数值越大实体表面越光滑。
- **封口：** 该选项组主要设置在挤出实体的顶面和底面上是否封盖实体。
- **方向：** 该选项组设置实体进行车削旋转的坐标轴。

图 3-19

- **对齐：** 该选项组用来控制曲线旋转式的对齐方式。
- **输出：** 该选项组设置挤出的实体输出模型的类型。
- **生成材质ID：** 选中此复选框，将自动生成材质ID。设置顶面材质ID为1，底面材质ID为2，侧面材质ID则为3。
- **使用图形ID：** 选中该复选框，将使用线形的材质ID。
- **平滑：** 选中该复选框，将挤出的实体平滑显示。

3.2.2 "挤出"修改器

"挤出"修改器可以将绘制的二维样条线挤出厚度，从而产生三维实体，如果绘制的线段为封闭的，即可挤出带有底面面积的三维实体，若绘制的线段不是封闭的，那么挤出的实体则是片状的。在使用"挤出"修改器后，命令面板的下方将弹出"参数"卷展栏，如图3-20所示。下面具体介绍其"参数"展卷栏中各选项组的含义。

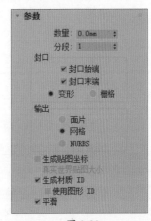

- **数量：** 此微调框用来设置挤出实体的厚度。
- **分段：** 此微调框用来设置挤出厚度上的分段数量。
- **封口：** 该选项组主要设置在挤出实体的顶面和底面上是否封盖实体。选中"封口始端"复选框将在顶端加面封盖物体；选中"封口末端"复选框将在底端加面封盖物体。
- **变形：** 选中此单选按钮，在变形动画的制作时，保证点面数恒定不变。

图 3-20

- **栅格：**选中此单选按钮，对边界线进行重新排列处理，以最精简的点面数来获取优秀的模型。
- **输出：**该选项组设置挤出的实体输出模型的类型。
- **生成贴图坐标：**为挤出的三维实体生成贴图材质坐标。选中此复选框，将激活"真实世界贴图大小"复选框。
- **真实世界贴图大小：**选中此复选框，贴图大小由绝对坐标尺寸决定，与对象相对尺寸无关。
- **生成材质ID：**选中此复选框，将自动生成材质ID。例如，设置顶面材质ID为1，底面材质ID为2，侧面材质ID则为3。
- **使用图形ID：**选中该复选框，将使用线形的材质ID。
- **平滑：**选中该复选框，将挤出的实体平滑显示。

3.2.3 "晶格"修改器

"晶格"修改器可以将创建的实体进行晶格处理，快速编辑地创建框架结构，在使用"晶格"修改器之后，命令面板的下方将弹出"参数"卷展栏，如图3-21所示。

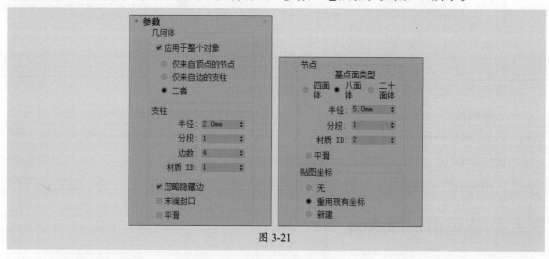

图 3-21

下面具体介绍"参数"卷展栏中各常用选项的含义。

- **应用于整个对象：**选中该复选框，然后选择晶格显示的物体类型，在该复选框下包含"仅来自顶点的节点""仅来自边的支柱""二者"三个单选按钮，它们分别表示晶格显示是以顶点、支柱以及顶点和支柱显示。
- **半径（支柱）：**此微调框用来设置物体框架的半径大小。
- **分段：**此微调框用来设置框架结构上物体的分段数值。
- **边数：**此微调框用来设置框架结构上物体的边。
- **材质ID：**此微调框用来设置框架的材质ID号。通过它的设置可实现物体不同位置赋予不同的材质。
- **平滑：**选中此复选框，将使晶格实体后的框架平滑显示。

- **基点面类型：** 此选项组用来设置节点面的类型。其中包括四面体、八面体和二十面体等选项。
- **半径（节点）：** 此微调框用来设置节点的半径大小。

3.2.4 "弯曲"修改器

"弯曲"修改器可以使物体进行弯曲变形，也可以设置弯曲角度和方向等，还可以将弯曲限制在指定的范围内。该项修改器常被用于管道变形和人体弯曲等。

打开修改器列表，选择"弯曲"选项，即可调用"弯曲"修改器。在调用"弯曲"修改器后，命令面板的下方将弹出修改弯曲值的"参数"卷展栏，如图3-22所示。

下面具体介绍"参数"卷展栏中各选项的含义。

- **弯曲：** 该选项组中的选项用来控制实体的角度和方向值。
- **弯曲轴：** 该选项组中的选项用来控制弯曲的坐标轴向。
- **限制：** 该选项组中的选项用来限制实体弯曲的范围。选中"限制效果"复选框，将激活"限制"命令，在"上限"和"下限"微调框中设置限制范围即可完成限制效果。

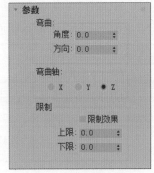

图 3-22

3.2.5 "壳"修改器

"壳"修改器可以将模型产生厚度效果，可以产生向内的厚度或向外的厚度。其"参数"卷展栏如图3-23所示。

下面具体介绍"参数"卷展栏中各选项的含义。

- **内部量、外部量：** 这两个微调框用来设置以3ds Max通用单位表示的距离，按此距离从原始位置将内部曲面向内移动以及将外部曲面向外移动。
- **分段：** 此微调框用来设置每一边的细分值。
- **倒角边：** 选中该复选框后，并指定"倒角样条线"，3ds Max会使用样条线定义边的剖面和分辨率。
- **倒角样条线：** 选择此选项，然后选择打开样条线定义边的形状和分辨率。
- **覆盖内部材质ID：** 选中此复选框，使用"内部材质ID"参数，为所有的内部曲面多边形指定材质ID。
- **自动平滑边：** 选中此复选框，可使用"角度"参数，应用自动、基于角平滑到边面。
- **角度：** 此微调框用来在边面之间指定最大角。该边面可使用"自动平滑边"功能进行平滑。

图 3-23

3.3 NURBS建模

NURBS建模也被称为曲面建模是3ds Max中建模的方式之一。它是通过曲线组成曲面，再由曲面组成立体模型。用户可以精确的控制物体表面的曲线度，比较适合于创建复杂曲面的造型轮廓。

3.3.1 认识NURBS对象

NURBS对象包含曲线和曲面两种，如图3-24、图3-25所示。NURBS建模也就是创建NURBS曲线和NURBS曲面的过程，使用它可以使以前实体建模难以达到的圆滑曲面的构建变得简单、方便。

（1）NURBS曲线

NURBS曲线包含点曲线和CV曲线两种，含义介绍如下。

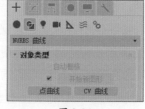

图 3-24   图 3-25

- **点曲线：** 由点来控制曲线的形状，每个点始终位于曲线上。
- **CV曲线：** 由控制顶点来控制曲线的形状，这些控制顶点不必位于曲线上。

（2）NURBS曲面

NURBS曲面包含点曲面和CV曲面两种，含义介绍如下。

- **点曲面：** 由点来控制模型的形状，每个点始终位于曲面的表面上。
- **CV曲面：** 由控制顶点来控制模型的形状，CV形成围绕曲面的控制晶格，而不是位于曲面上。

3.3.2 编辑NURBS对象

在NURBS对象的参数面板共有七个卷展栏，分别是"常规"卷展栏、"显示线参数"卷展栏、"曲面近似"卷展栏、"曲线近似"卷展栏、"创建点"卷展栏、"创建曲线"卷展栏、"创建曲面"卷展栏，如图3-26所示。

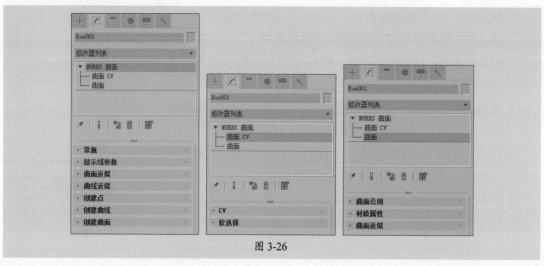

图 3-26

1. "常规"卷展栏

"常规"卷展栏中包含了附加、导入以及NURBS工具箱等，如图3-27所示。单击"NURBS创建工具箱"按钮 ，即可打开NURBS工具箱，如图3-28所示。

图 3-27   图 3-28

2. "曲面近似"卷展栏

为了渲染和显示视口，可以使用"曲面近似"卷展栏，控制NURBS模型中的曲面子层级的近似值求解方式，如图3-29所示。其中常用选项的含义介绍如下。

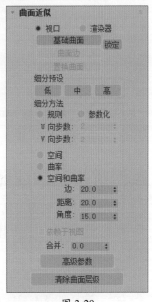

- **基础曲面**：单击此按钮后，设置将影响选择集中的整个曲面。
- **曲面边**：单击此按钮后，设置影响由修剪曲线定义的曲面边的细分。
- **置换曲面**：此按钮只有在选中"渲染器"单选按钮的时候才启用。
- **细分预设**：此选项组用于选择低、中、高质量层级的预设曲面近似值。
- **细分方法**：在上面如果已经选中"视口"单选按钮，该选项组中的选项会影响NURBS曲面在视口中的显示。如果选中"渲染器"单选按钮，这些选项还会影响渲染器显示曲面的方式。
- **规则**：选中此单选按钮，将根据U向步数、V向步数在整个曲面内生成固定的细化。

图 3-29

- **参数化**：选中此单选按钮，将根据U向步数、V向步数生成自适应细化。
- **空间**：选中此单选按钮，将生成由三角形面组成的统一细化。
- **曲率**：选中此单选按钮，将根据曲面的曲率生成可变的细化。
- **空间和曲率**：选中此单选按钮，将通过边、距离和角度三个值使空间方法和曲率方法完美结合。

3. "曲线近似"卷展栏

在模型级别上，近似空间影响模型中的所有曲线子对象。参数面板如图3-30所示，各参数含义介绍如下。

- **步数**：此微调框用于近似每个曲线段的最大线段数。

图 3-30

- **优化**：选中此复选框可以优化曲线。
- **自适应**：选中此复选框，可基于曲率自适应分割曲线。

4. **"创建点"卷展栏、"创建曲线"卷展栏和"创建曲面"卷展栏**

这三个卷展栏中的工具与NURBS工具箱中的工具相对应，主要用来创建点、曲线、曲面对象，如图3-31所示。

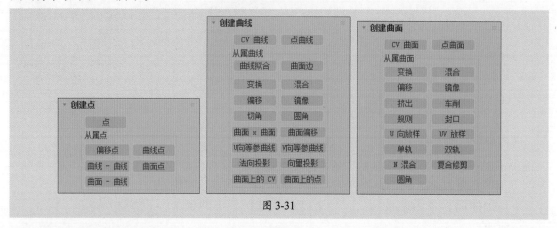

图 3-31

3.4 多边形建模

多边形建模是3ds Max常用的一种建模方式。该方式不仅可创建静态物体，也可对动态物体进行编辑。它依赖于多边形网格的细分调整，以便更精准地创造出各种复杂的形态。

案例解析：创建储物柜模型

本案例中将利用可编辑多边形的相关命令来创建储物柜模型。

步骤 01 单击"长方体"按钮，创建一个尺寸为450mm×350mm×280mm的长方体，如图3-32所示。

步骤 02 将其转换为可编辑多边形，在修改面板中打开修改器堆栈栏，进入"多边形"子层级，选择如图3-33所示的面。

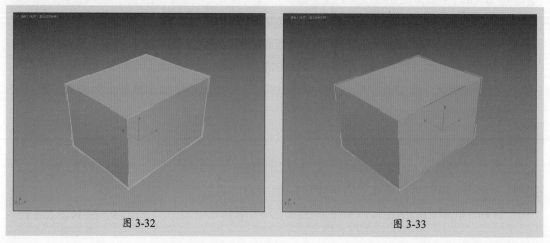

图 3-32   图 3-33

步骤 03 在"编辑多边形"卷展栏中单击"插入"按钮右边的设置按钮，在弹出的界面中设置插入数量为5，设置视口样式为"默认明暗处理+边面"，效果如图3-34所示。

步骤 04 继续单击"插入"按钮右边的设置按钮，在弹出的界面中设置插入数量为13，如图3-35所示。

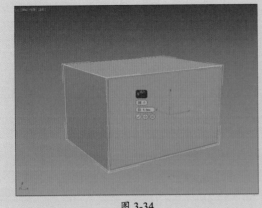
图 3-34

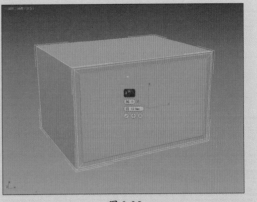
图 3-35

步骤 05 切换到左视图，将多边形沿X轴向左移动10mm，如图3-36所示。

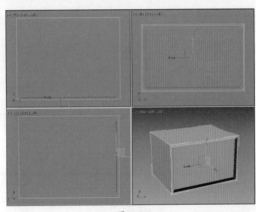
图 3-36

步骤 06 在"编辑多边形"卷展栏中单击"插入"按钮右边的设置按钮，设置插入值为2mm，制作出缝隙宽度，如图3-37所示。

步骤 07 进入"边"子层级，选择如图3-38所示的两条边。

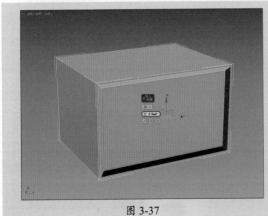
图 3-37

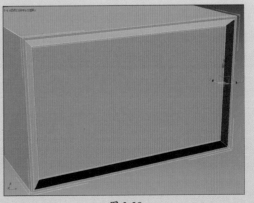
图 3-38

步骤 08 在"编辑边"卷展栏中单击"连接"按钮右边的设置按钮，设置连接数量为2，如图3-39所示。

步骤 09 选择刚创建的上方边线，在状态控制栏中设置Z轴高度为141，再选择下方边线，设置Z轴高度为139，如此制作出抽屉缝隙，如图3-40所示。

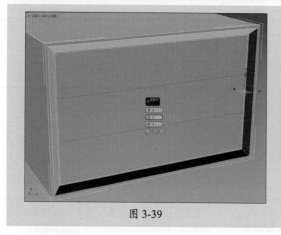

图 3-39

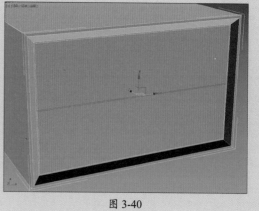

图 3-40

步骤 10 进入"多边形"子层级，选择如图3-41所示的多边形。

步骤 11 在"编辑多边形"卷展栏中单击"挤出"按钮右边的设置按钮，设置挤出值为−20mm，制作出缝隙深度，制作出柜体，如图3-42所示。

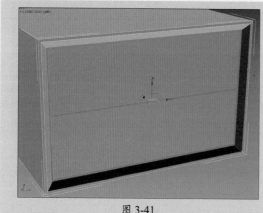

图 3-41

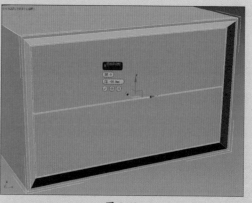

图 3-42

步骤 12 单击"圆柱体"按钮，在前视图创建一个半径为7.5mm、高度为17mm的圆柱体，设置高度分段为1，边数为40，调整其位置，如图3-43所示。

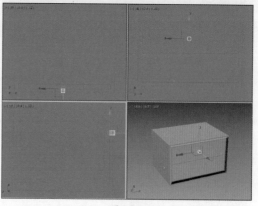

图 3-43

步骤13 将其转换为可编辑多边形，进入"顶点"子层级，选择如图3-44所示的顶点。

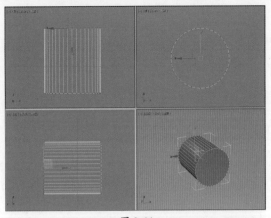

图 3-44

步骤14 激活缩放工具，在前视图中缩放对象，如此制作出拉手模型，如图3-45所示。

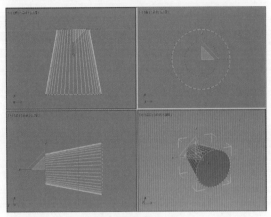

图 3-45

步骤15 向下复制拉手模型，如图3-46所示。

步骤16 制作柜脚。单击"长方体"按钮，创建一个尺寸为300mm×25mm×35mm的长方体，移动到柜体正下方，如图3-47所示。

图 3-46

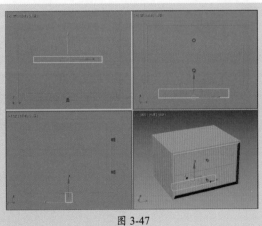

图 3-47

步骤17 在顶视图中创建一个尺寸为35mm×45mm的矩形，如图3-48所示。

步骤18 将其转换为可编辑样条线，进入"顶点"子层级，选择右侧的两个顶点，如图3-49所示。

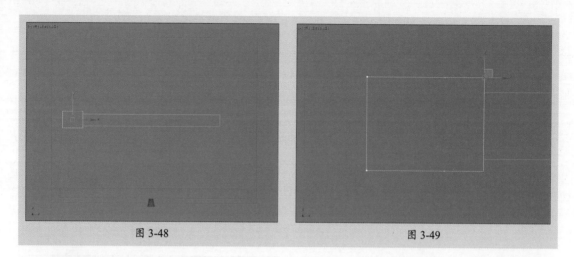

图 3-48   图 3-49

步骤 19 在"几何体"卷展栏中设置"圆角"值为2，然后按Enter键，为矩形制作圆角，如图3-50所示。

步骤 20 再选择左侧的两个顶点，制作出半径为10mm的圆角，如图3-51所示。

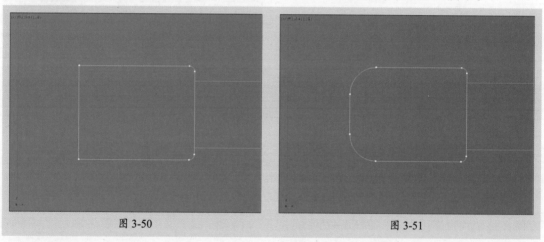

图 3-50   图 3-51

步骤 21 为样条线添加"挤出"修改器，设置挤出值为–285，创建柜脚造型，如图3-52所示。

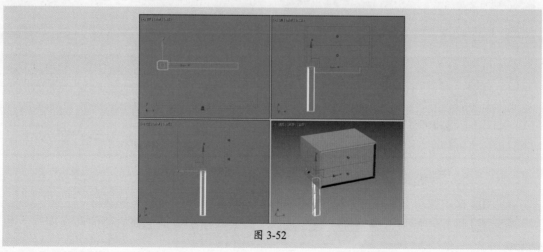

图 3-52

步骤22 将其转换为可编辑多边形，进入"顶点"子层级，在前视图中调整底部内部的顶点，如图3-53所示。

步骤23 继续调整底部顶点，如图3-54所示。

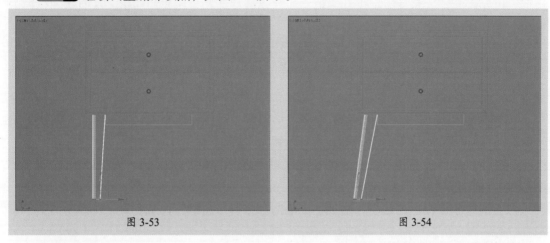

图 3-53　　　　　　　　　　　　图 3-54

步骤24 退出修改器堆栈，调整柜脚位置，再单击"镜像"按钮，镜像复制柜脚模型，如图3-55所示。

步骤25 选择柜脚和长方体，切换到顶视图，右击"旋转工具"按钮，设置Z轴旋转35°，如图3-56所示。

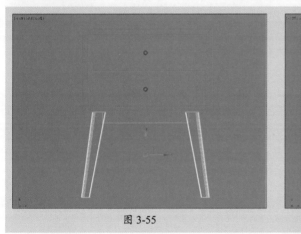
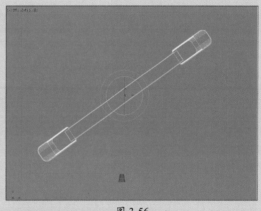

图 3-55　　　　　　　　　　　　图 3-56

步骤26 单击"镜像"按钮，镜像复制柜脚和长方体。至此完成储物柜模型的创建，效果如图3-57所示。

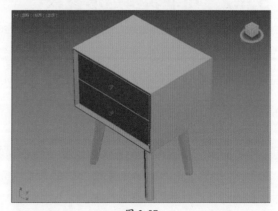

图 3-57

3.4.1 多边形建模的概念

多边形建模其原理是首先将一个模型对象转化为可编辑多边形，然后对顶点、边、多边形、边界、元素这几种级别进行编辑，使其模型逐渐产生相应的变化，从而达到建模的目的。

多边形建模方法在编辑上更加灵活，对硬件的要求也很低，其建模思路与网格建模的思路很接近，其不同点在于网格建模只能编辑三角面，而多边形建模对面数没有任何要求。

在编辑多边形对象之前首先要明确多边形对象不是创建出来的，而是塌陷（转换）出来的。将物体塌陷为多边形的方法大致有三种。

（1）选中物体并右击，在弹出的快捷菜单中选择"转换为："→"转换为可编辑多边形"命令，如图3-58所示。

（2）选中物体，在"建模"工具栏中单击"多边形建模"按钮，最后在弹出的菜单中选择"可编辑多边形"命令，如图3-59所示。

（3）选中物体，从修改面板中添加"编辑多边形"修改器，如图3-60所示。

图 3-58   图 3-59   图 3-60

3.4.2 可编辑多边形参数

将物体转换为可编辑多边形对象后，就可以对可编辑多边形对象的顶点、边、边界、多边形和元素分别进行编辑。多边形参数设置面板包括多个卷展栏，分别是"选择"卷展栏、"软选择"卷展栏、"编辑几何体"卷展栏、"细分曲面"卷展栏、"细分置换"卷展栏等。这里主要介绍"选择"卷展栏、"软选择"卷展栏和"编辑几何体"卷展栏。

1."选择"卷展栏

"选择"卷展栏提供了各种工具，用于访问不同的子对象层级和显示设置以及创建与修改选定内容，此外还显示了与选定实体有关的信息，如图3-61所示。卷展栏中各选项含义介绍如下。

- **五种级别**：包括顶点、边、边界、多边形和元素（图中显示为相应的图标）。

- **按顶点**：选中该复选框后，只有选择所用的顶点才能选择子对象。

- **忽略背面**：选中该复选框后，只能选中法线指向当前视图的子对象。

- **按角度**：选中该复选框后，可以根据右边微调框中面的转折度数来选择子对象。

图 3-61

- **收缩**：单击该按钮可以在当前选择范围中向内减少一圈。

- **扩大**：与"收缩"相反，单击该按钮可以在当前选择范围中向外增加一圈，多次单击可以进行多次扩大。

- **环形**：选中子对象后单击该按钮可以自动选择平行于当前的对象。

- **循环**：选中子对象后单击该按钮可以自动选择同一圈的对象。

- **预览选择**：选择对象之前，通过此选项组中的选项可以预览光标滑过位置的子对象，有"禁用""子对象""多个"三个选项可供选择。

2. "软选择"卷展栏

"软选择"是以选中的子对象为中心向四周扩散，以放射状方式来选择子对象，在对选择的子对象进行变换时，子对象会以平滑的方式进行过渡。另外可以通过控制"衰减"和"收缩"以及"膨胀"的数值来控制所选子对象区域的大小及子对象控制力的强弱，如图3-62所示。选中"使用软选择"复选框，其选择强度就会发生变化，颜色越接近红色代表越强烈，接近蓝色则代表强度变弱，如图3-63所示。

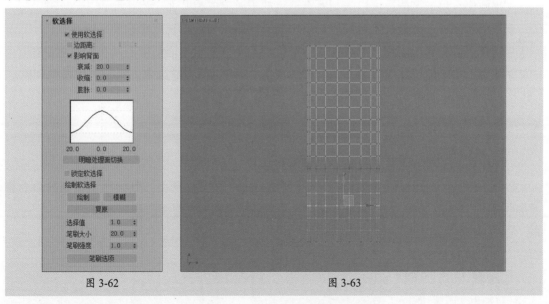

图 3-62   图 3-63

3. "编辑几何体"卷展栏

"编辑几何体"卷展栏提供了用于在定层级或子对象层级更改多边形对象几何体的全局控件，在所有对象层级都可以使用，如图3-64所示。

卷展栏中各选项含义介绍如下。

- **重复上一个：**单击该按钮可以重复使用上一次使用的命令。
- **约束：**在此选项组中使用现有的几何体来约束子对象的变换效果。
- **保持UV：**选中该复选框后，可以在编辑子对象的同时不影响该对象的UV贴图。
- **创建：**单击该按钮可以创建新的几何体。
- **塌陷：**这个按钮类似于"焊接"工具，但是不需要设置阈值就可以直接塌陷在一起。
- **附加：**单击该按钮可以将场景中的其他对象附加到选定的可编辑多边形中。
- **分离：**单击该按钮可以将选定的子对象作为单独的对象或元素分离出来。
- **切片平面：**单击该按钮可以沿某一平面分开网格对象。
- **切片：**单击该按钮可以在切片平面位置处执行切割操作。
- **重置平面：**单击该按钮可以将执行过"切片"的平面恢复到之前的状态。
- **快速切片：**单击该按钮可以将对象进行快速切片，切片线沿着对象表面，所以可以更加准确地进行切片。
- **切割：**单击该按钮可以在一个或多个多边形上创建出新的边。
- **网格平滑：**单击该按钮（以及右边的设置按钮），可以使选定的对象产生平滑效果。
- **细化：**单击该按钮（以及右边的设置按钮），可以增加局部网格的密度，从而方便处理对象的细节。
- **平面化：**单击该按钮可以强制所有选定的子对象成为共面。
- **视图对齐：**单击该按钮可以使对象中的所有顶点与活动视图所在的平面对齐。
- **栅格对齐：**单击该按钮可以使选定对象中的所有顶点与活动视图所在的平面对齐。
- **松弛：**单击该按钮（以及右边的设置按钮），可以使当前选定的对象产生松弛现象。

图 3-64

课堂实战 创建伞形吊灯模型

本案例将结合之前所学的建模知识来创建一个伞形吊灯模型。其中所运用到的命令有多边形建模、各类修改器、基本体建模等。下面将介绍具体操作步骤。

步骤 01 单击"圆柱体"按钮，创建一个圆柱体，并在"参数"卷展栏中调整参数，如图3-65所示。

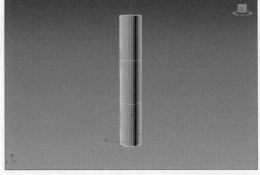

图 3-65

步骤02 右击并在弹出的快捷菜单中选择"转换为："→"转换为可编辑多边形"命令，将对象转换为多边形。

步骤03 激活"移动"工具，进入"顶点"子层级，调整中间的两圈顶点位置，如图3-66所示。

步骤04 进入"多边形"子层级，选择如图3-67所示的一圈面。

图 3-66　　　　　　　　　　　　　　　　图 3-67

步骤05 在"编辑多边形"卷展栏中单击"挤出"按钮右边的设置按钮，选择"局部法线"基础方式，再调整挤出高度为−2，如图3-68所示。

步骤06 进入"边"子层级，选择如图3-69所示的边线。

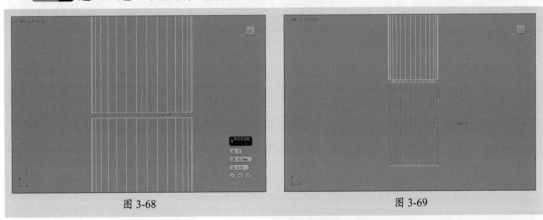

图 3-68　　　　　　　　　　　　　　　　图 3-69

步骤07 在"编辑边"卷展栏中单击"连接"按钮右边的设置按钮，设置连接边数为10，如图3-70所示。

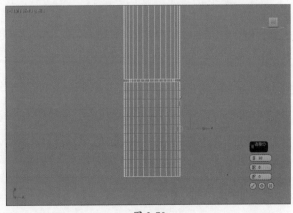

图 3-70

步骤 08 再进入"顶点"子层级,选择底部的一圈顶点,如图3-71所示。

步骤 09 在"软选择"卷展栏中选中"使用软选择"复选框,并设置"衰减"参数为40.0mm,如图3-72所示。

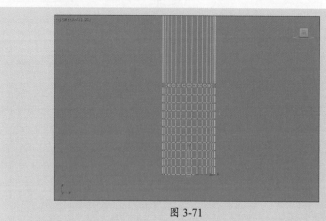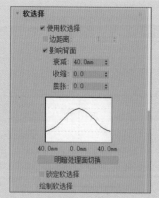

图 3-71 　　　　　　　　　　　　　　　图 3-72

步骤 10 激活"缩放"工具,在顶视图中缩放顶点,如图3-73所示。

步骤 11 设置"衰减"参数为30mm,再次在顶视图中缩放顶点,如图3-74所示。

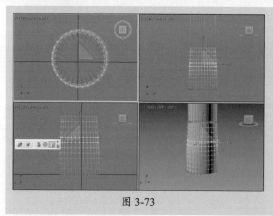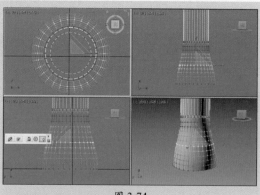

图 3-73 　　　　　　　　　　　　　　　图 3-74

步骤 12 分别设置"衰减"参数为20mm和10mm,再次在顶视图中缩放顶点,如图3-75所示。

步骤 13 取消选中"使用软选择"复选框,再缩放顶点,如图3-76所示。

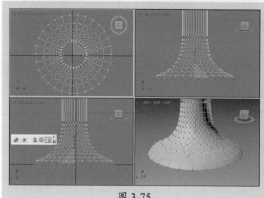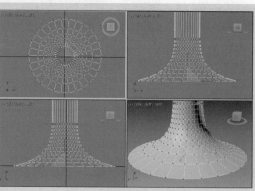

图 3-75 　　　　　　　　　　　　　　　图 3-76

步骤 **14** 进入 "多边形" 子层级，选择底部的面，如图3-77所示。

步骤 **15** 在 "编辑多边形" 卷展栏中单击 "插入" 按钮右边的设置按钮，设置插入数量为0.6，如图3-78所示。

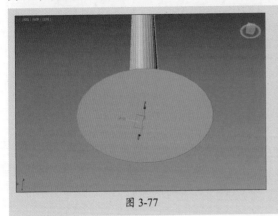
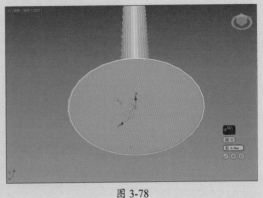

图 3-77　　　　　　　　　　　　　　　　　　　图 3-78

步骤 **16** 再选择外圈的面，如图3-79所示。

步骤 **17** 在 "编辑多边形" 卷展栏中单击 "挤出" 按钮右边的设置按钮，设置挤出高度为150，如图3-80所示。

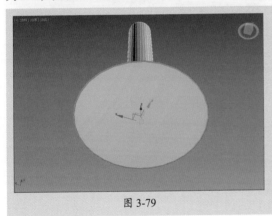
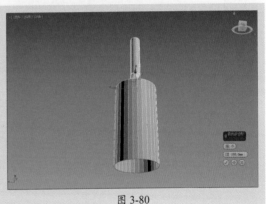

图 3-79　　　　　　　　　　　　　　　　　　　图 3-80

步骤 **18** 进入 "顶点" 子层级，选择底部的两圈顶点，在顶视图中进行缩放处理，如图3-81所示。

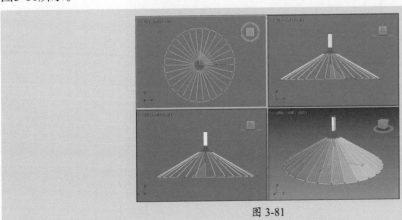

图 3-81

步骤19 进入"边"子层级，选择伞部的边线，在"编辑边"卷展栏中单击"连接"按钮右边的设置按钮，设置连接数量为6，如图3-82所示。

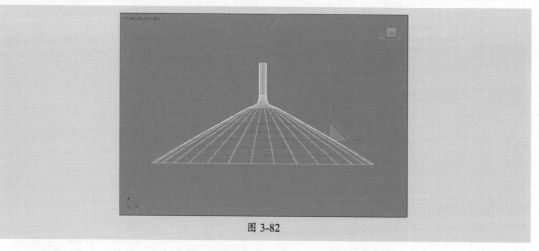

图 3-82

步骤20 进入"顶点"子层级，在前视图选择一层顶点调整位置，然后在顶视图中进行缩放，调整出如图3-83所示的灯具造型。

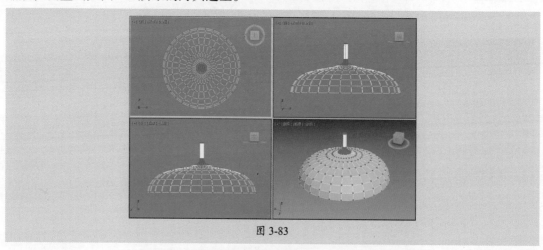

图 3-83

步骤21 进入"边"子层级，选择顶部的一圈边线，如图3-84所示。

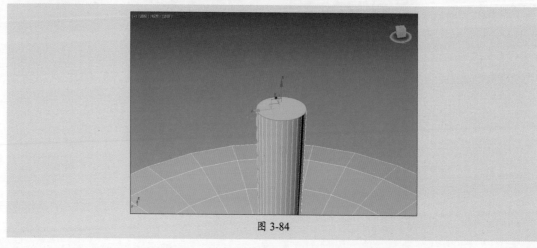

图 3-84

步骤 22 在"编辑边"卷展栏中单击"切角"按钮右边的设置按钮，设置切角量为3，分段数为5，如图3-85所示。

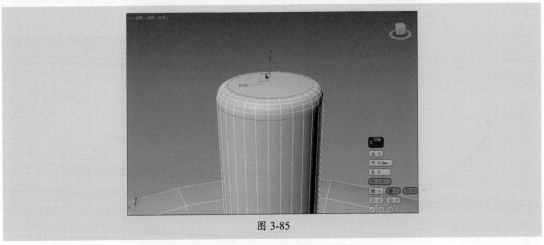

图 3-85

步骤 23 进入"多边形"子层级，选择顶部的面，如图3-86所示。

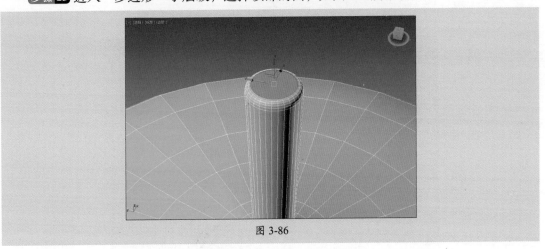

图 3-86

步骤 24 在"编辑多边形"卷展栏中单击"插入"按钮右边的设置按钮，设置插入数量为5，如图3-87所示。

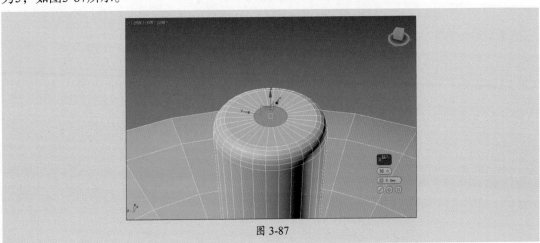

图 3-87

步骤 25 再单击"挤出"按钮右边的设置按钮，设置挤出高度为-2，如图3-88所示。

步骤 26 退出修改器堆栈，为模型添加"网格平滑"修改器，在"参数"卷展栏中设置"迭代次数"为2，效果如图3-89所示。

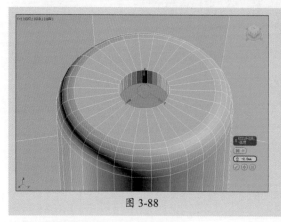

图 3-88

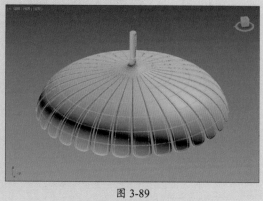

图 3-89

步骤 27 创建一个半径为2mm、高度为600mm的圆柱体作为灯线，即可完成伞形吊灯模型的创建，效果如图3-90所示。

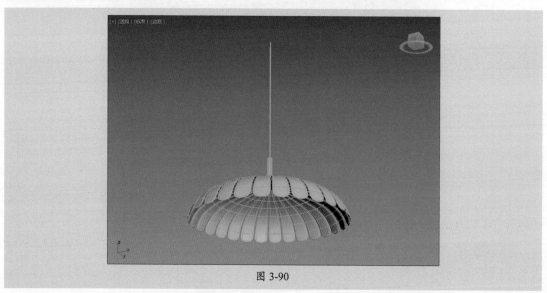

图 3-90

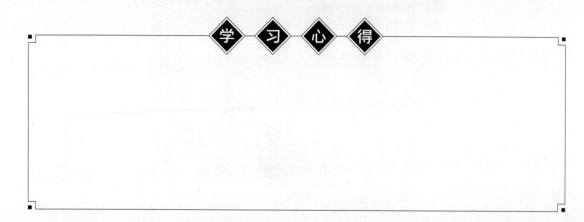

课后练习 创建漱口杯模型

本练习将利用"可编辑网格"工具、"壳"修改器和"细化"修改器等制作漱口杯模型，效果如图3-91所示。

图 3-91

① 技术要点

步骤 01 创建圆台体，右击将其转换为可编辑网格。选择圆台顶面，将其删除。

步骤 02 添加"壳"修改器，将其生成杯壁实体。

步骤 03 添加"细化"修改器对漱口杯模型进行优化调整。

② 分步演示

创建漱口杯模型的分步演示如图3-92所示。

图 3-92

布之韵，展露纹理之美

布料是装饰材料中常用的材料，包括棉、亚麻、化纤、尼龙、法兰绒、纱等各种布料，在装饰陈列中起到了很大的作用。在效果图中，布料材质特点主要体现在以下几个方面。

1. 纹理与细节

布料通常具有丰富的纹理和细节，如纱线的走向、织物的纹理和图案等。这些纹理和细节对于呈现布料的真实感和质感至关重要。效果图中，通过高精度的纹理贴图和细节处理，可以精确地模拟布料的纹理和细节，使其看起来更加真实、自然，如图3-93所示。

2. 光泽与反射

布料的光泽度和反射特性因材质和工艺的不同而有所差异。有些布料可能具有较强的光泽和反射效果，而有些则可能相对暗淡。可通过调整材质的光泽度和反射参数，可以模拟出不同布料的光泽和反射特性，从而增强材质的真实感。

3. 柔软与褶皱

布料通常具有柔软、易变形的特点，特别是在受到外力或重力作用时，容易产生褶皱和变形。通过模拟布料的物理属性和动力学行为，可以呈现出真实的褶皱和变形效果，使布料看起来更加柔软、自然。

4. 透光与阴影

有些布料，如薄纱、网眼布，可能具有一定的透光性。通过模拟光线的穿透和散射效果，可以表现出布料的透光特性，如图3-94所示。同时，布料表面的阴影和光照效果也是表现其质感的重要因素，通过调整光源和阴影参数，可以增强布料的立体感和层次感。

图 3-93

图 3-94

第**4**章

材质技术

内容导读

在建模领域中，材质技术无疑为模型赋予了生命与灵魂。材质不仅是物体表面属性的反映，更是光影效果、质感表达的关键所在。本章将对3ds Max材质功能进行详细的讲解，其中包括材质编辑器的介绍、系统内置材质类型、VRay插件所提供的材质类型等。通过对本章内容的学习，读者可以掌握材质的基本使用方法，并可以应用到实际中。

思维导图

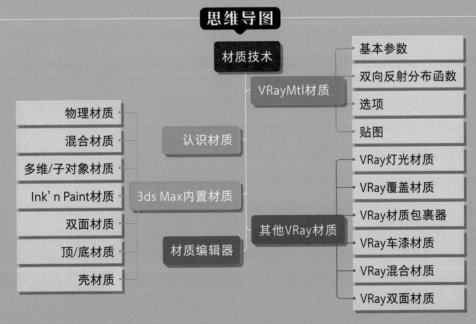

4.1　认识材质

材质，通常是指物体本身的质地。在日常生活中，经常会看到不同材质的物体，比如金属的、木制的、塑料的等，这些描述都是对物体材质的一种表达。在建模和渲染领域中，材质则更加具体和细致。它不仅是物体表面的视觉特性，还包括了物体对光的反应方式，如反射、折射、漫反射等。通过调整材质的属性，用户可以控制物体在场景中的外观和表现，使其更加逼真、生动。

在3ds Max中创建材质并应用于模型时，通常是按照以下步骤进行操作。

步骤 01 选择材质球并指定名称。

步骤 02 选择材质类型。

步骤 03 对于标准材质或光线追踪材质，应选择着色类型。

步骤 04 设置漫反射颜色、反射强度、光泽度及不透明度等参数。

步骤 05 为材质通道指定贴图并调整参数。

步骤 06 将材质指定给模型对象。

步骤 07 对于有贴图的材质，有必要调整UV贴图坐标或者添加UVW贴图修改器，以正确定位对象的贴图效果。

步骤 08 保存材质，以便于下次使用。

4.2　材质编辑器

材质编辑器是材质设置的主要窗口，如图4-1所示安装了VRay渲染器插件后的效果。无论是新建材质，还是修改材质，或是应用材质都需在该窗口中进行操作。通过以下三种方式用户可打开材质编辑器。

（1）执行"渲染"→"材质编辑器"命令，在级联菜单中可以选择打开精简材质编辑器或者Slate材质编辑器。

（2）在主工具栏中单击"材质编辑器"按钮 ，打开材质编辑器。

（3）按快捷键M打开材质编辑器。

以精简材质编辑器为例，其窗口可分为菜单栏、材质示例窗、工具和参数控制区四个部分。

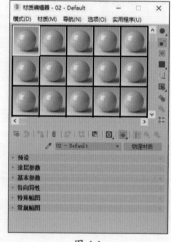

图 4-1

1. 菜单栏

菜单栏位于材质编辑器顶端，包括"模式"菜单、"材质"菜单、"导航"菜单、"选项"菜单和"实用程序"菜单。

2. 材质示例窗

在材质示例窗中可以预览材质和贴图，每个窗口可以预览单个材质或贴图。将材质从示例窗拖动到视口中的对象，可以将材质赋予场景对象。双击材质球会弹出一个独立的材质球显示窗口，如图4-2所示。

图 4-2

操作提示

材质示例窗中的样本材质球有3×2、5×3和6×4三种显示方式，用户可以根据需要进行设置。

③. **工具栏**

工具栏位于材质示例窗的下方和右侧，主要用于管理和更改贴图及材质，为了便于记忆，通常将材质示例窗下方的工具栏称为水平工具栏，右侧的工具栏则称为垂直工具栏。工具栏中各个按钮的含义介绍如下。

- **采样类型**●：此按钮用来控制材质示例窗显示的对象类型，包括球体、圆柱体和立方体三种显示类型。
- **背光**●：此按钮用来切换是否启用背景灯光。开启后可以查看、调整由掠射光创建的高光反射，此高光在金属上更亮。
- **背景**▨：此按钮用来将多颜色的方格背景添加到活动示例窗中。该功能常用于观察透明材质的反射和折射效果。图4-3、图4-4所示为透明材质显示背景前后效果。

图 4-3   图 4-4

- **采样UV平铺**▣：单击该按钮，可以在活动示例窗中调整采样对象上的贴图重复次数。使用该功能可以设置平铺贴图显示，对场景中几何体的平铺没有影响。
- **视频颜色检查**▨：此按钮用来检查示例对象上的材质颜色是否超过安全NTSC和PAL阈值。
- **生成预览**▦：单击该按钮，可以使用动画贴图向场景添加运动。
- **选项**◈：单击该按钮可以打开"材质编辑器选项"对话框。
- **按材质选择**◈：单击该按钮，可以选定使用当前材质的所有对象。
- **材质/贴图导航器**▤：单击该按钮可以打开"材质/贴图导航器"对话框。
- **获取材质**▨：单击该按钮可以打开"材质/贴图浏览器"对话框。在该对话框中可以选择材质或贴图。

- **将材质放入场景** ▣：单击该按钮可以在编辑材质之后更新场景中的材质。
- **将材质指定给选择对象** ▣：单击该按钮可以将活动示例窗中的材质应用于场景中当前选定的对象。
- **重置贴图/材质为默认设置** ▣：单击该按钮可以清除当前活动示例窗中的材质，使其恢复默认参数。
- **生成材质副本** ▣：单击该按钮可以为选定的材质球创建材质副本。
- **使唯一** ▣：单击该按钮可以使贴图实例成为唯一的副本，还可以使一个实例化的材质成为唯一的独立子材质，可以为该子材质提供一个新的材质名。
- **放入库** ▣：单击该按钮可以将选定的材质添加到当前库中。
- **材质ID通道** ▣：长按该按钮可以打开材质ID通道工具栏。
- **在视口中显示明暗处理材质** ▣：单击该按钮可以使贴图在视图中的对象表面显示。
- **显示最终效果** ▣：单击该按钮可以查看所处级别的材质，而不查看所有其他贴图和设置的最终结果。
- **转到父对象** ▣：单击该按钮可以在当前材质中向上移动一个层级。
- **转到下一个同级项** ▣：单击该按钮可以将移动到当前材质中相同层级的下一个贴图或材质。
- **从对象拾取材质** ▣：单击该按钮可以在场景中的对象上拾取材质。

4. 参数控制区

材质编辑器下方都属于参数控制区，这里是3ds Max中使用最为频繁的区域。根据材质类型与贴图类型的不同，会出现不同的参数卷展栏。一般的参数控制包括多个项目，分别放置在各自的面板中，通过伸缩条展开或收起。如果超出了材质编辑器面板的长度，用户可以通过手形指针进行上下拖动。

4.3　3ds Max内置材质

3ds Max内置材质包含了多种不同类型的材质，每一种材质都具有独特的表现方式和适用场景。无论是光滑的金属、细腻的皮革，还是粗糙的石头、柔软的布料，都能通过内置的材质库找到合适的模拟方式。

案例解析：创建艺术灯罩材质

下面利用"多维/子对象"材质结合VRayMtl材质为灯罩模型创建多种材质。

步骤 01 打开"灯罩"模型素材场景，如图4-5所示。

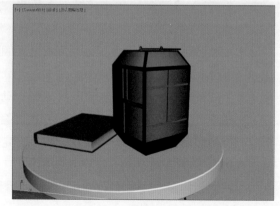

图 4-5

步骤 02 选择装饰品模型，在修改面板中激活"元素"子层级，按住Ctrl键依次选择模型框架，如图4-6所示。

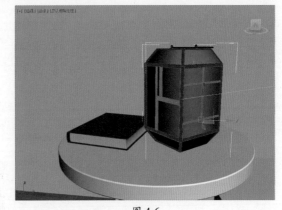

图 4-6

步骤 03 在"多边形：材质ID"卷展栏中设置ID为1，如图4-7所示。

步骤 04 再激活"多边形"子层级，分别选择多边形并设置ID为2～4，如图4-8所示。

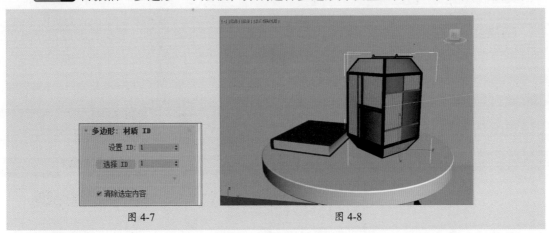

图 4-7   图 4-8

步骤 05 按快捷键M打开材质编辑器，选择一个空白材质球，设置材质类型为"多维/子对象"，在弹出的"替换材质"对话框中选中"丢弃旧材质？"单选按钮，如图4-9所示。

步骤 06 进入该材质的基本参数面板，可以看到默认有10个子对象，如图4-10所示。

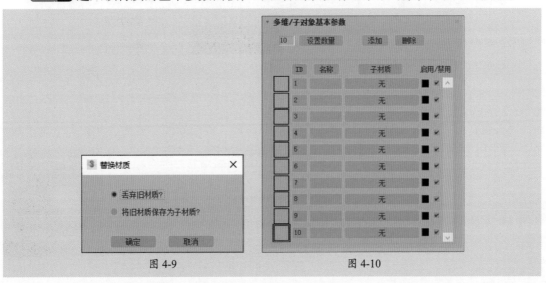

图 4-9   图 4-10

步骤 07 单击"设置数量"按钮，打开"设置材质数量"对话框，设置材质数量为4，如图4-11所示。

步骤 08 单击"确定"按钮，关闭对话框，即可重新设置子对象为4个，并设置4个子材质类型为VRayMtl，如图4-12所示。

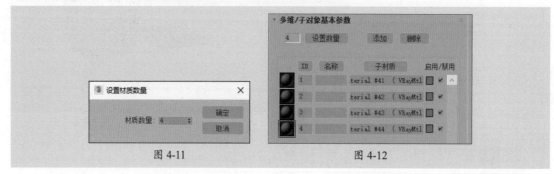

图 4-11   图 4-12

步骤 09 进入子材质1的参数面板，设置漫反射颜色和反射颜色，再设置反射光泽度，如图4-13所示。漫反射颜色和反射颜色参数如图4-14所示。

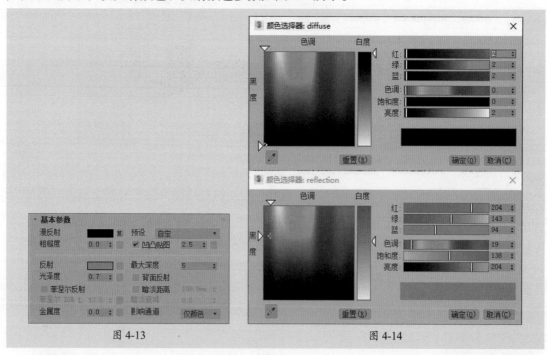

图 4-13   图 4-14

步骤 10 在"双向反射分布函数"卷展栏中设置"各向异性"值为0.3，如图4-15所示。设置好的材质球预览效果如图4-16所示。

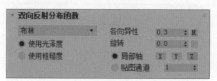

图 4-15

图 4-16

步骤11 进入子材质2的参数面板，仅设置漫反射颜色，如图4-17所示。

步骤12 进入子材质3的参数面板，同样设置漫反射颜色，如图4-18所示。

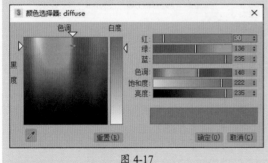

图 4-17

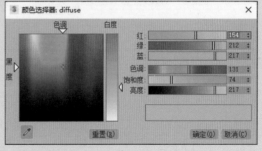

图 4-18

步骤13 进入子材质4的参数面板，设置漫反射颜色、反射颜色、折射颜色。其中漫反射颜色为白色，然后再设置光泽度、折射率，如图4-19所示。

步骤14 反射颜色及折射颜色参数如图4-20所示。设置好的材质球预览效果如图4-21所示。

步骤15 材质设置完毕后，直接将其赋予到装饰品模型，如图4-22所示。

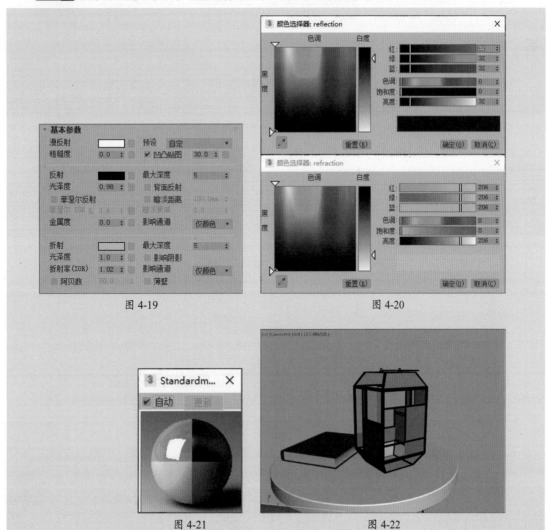

图 4-19

图 4-20

图 4-21

图 4-22

步骤16 渲染摄影机视口，最终材质效果如图4-23所示。

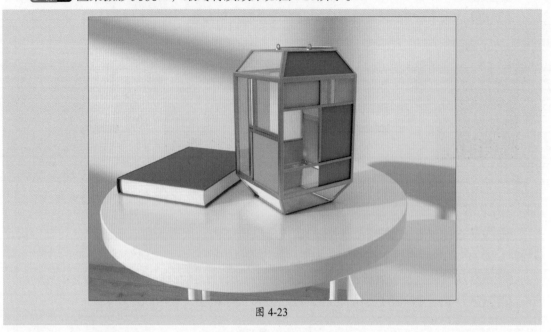

图 4-23

4.3.1 物理材质

新版本3ds Max是将"物理"材质为默认的材质类型。它是基于现实世界中物体的自身物理属性设计的，提供了油漆、木材、玻璃、金属等多个材质的模板，可以非常便捷地模拟较为真实的材质质感，比如塑料、蜡烛、金属等。

其参数面板包括"预设"卷展栏、"涂层参数"卷展栏、"基本参数"卷展栏、"高级反射比参数"卷展栏、"各向异性"卷展栏、"特殊贴图"卷展栏、"常规贴图"卷展栏。

（1）"预设"卷展栏：该卷展栏可以访问"物理材质"预设，预设列表中提供了各种饰面、非金属材质、透明材质、金属和特殊材质的模板，以便快速创建不同类型的材质，如图4-24所示。用户也可以使用预设作为起点来生成自定义材质。

（2）"涂层参数"卷展栏：用户可以通过该卷展栏为材质添加透明涂层，并使透明涂层位于所有其他明暗处理效果之上，如图4-25所示。

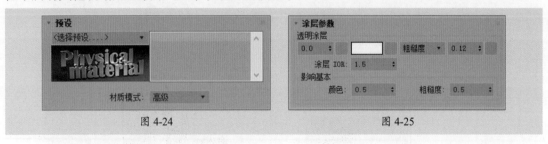

图 4-24   图 4-25

（3）"基本参数"卷展栏：该卷展栏中包含了物理材质的常规设置，如图4-26所示。

（4）"高级反射比参数"卷展栏：在"预设"卷展栏中设置材质模式为"高级"，即会出现该卷展栏，如图4-27所示。通过该卷展栏，用户可以选择是基于材质的IOR还是自定义曲线来驱动角度相关的反射比。

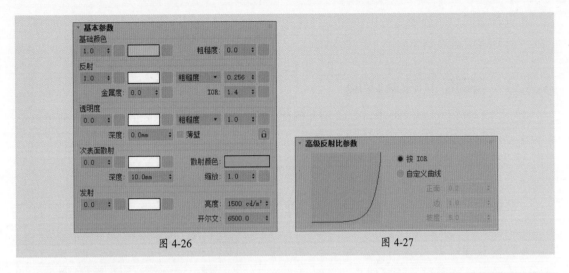

图 4-26   图 4-27

（5）"各向异性"卷展栏：该卷展栏可在指定的方向上拉伸高光和反射，以提供有颗粒的效果，如图4-28所示。

（6）"特殊贴图"卷展栏：通过该卷展栏，用户可以在创建物理材质时使用特殊贴图，如图4-29所示。

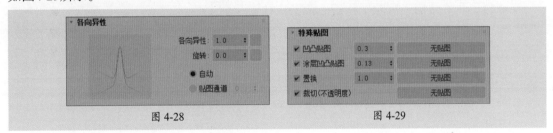

图 4-28   图 4-29

（7）"常规贴图"卷展栏：通过该卷展栏，用户可以在创建物理材质时使用贴图。

4.3.2 混合材质

"混合"材质可以将两种不同的材质以百分比的形式融合在一起，还可以通过"遮罩"通道来设置混合发生的位置和效果，还可以制作成材质变形的动画，常被用于制作刻花镜、织花布料和部分锈迹的金属等。

"混合"材质的参数面板由两个子材质、遮罩、混合量和混合曲线组成，如图4-30所示。

- **材质1、材质2**：这两个选项可以设置各种类型的材质。默认材质为标准材质，选中后面的复选框，在弹出的材质面板中可以更换材质。
- **遮罩**：在此选项中可以使用各种程序贴图或位图设置遮罩。遮罩中较黑的区域对应材质1，较亮较白的区域对应材质2。
- **混合量**：使用此微调框可以决定两种材质混合的百分比。当参数为0时，将完全显示第一种材质；当参数为100时，将完全显示第二种材质。

图 4-30

- **混合曲线**：此选项组可以影响进行混合的两种颜色之间的变换的渐变或尖锐程度，只有指定遮罩贴图后，才会影响混合。

4.3.3　多维/子对象材质

使用"多维/子对象"材质可以采用几何体的子对象级别分配不同的材质，常被用于包含许多贴图的复杂物体上。

其参数面板如图4-31所示。参数面板中常用参数含义介绍如下。

- **数量**：此选项显示包含在多维/子对象材质中的子材质的数量。
- **设置数量**：此按钮用于设置子材质的数量，单击该按钮，即可打开"设置材质数量"对话框，在其中可以设置材质数量。
- **添加**：单击该按钮，在子材质下方将默认添加一个标准材质。
- **删除**：此按钮用于删除子材质。单击该按钮，将从下向上逐一删除子材质。
- **ID、名称、子材质**：单击按钮即可按类别将列表排序。子材质列表中每个子材质都有一个单独的项，一次最多显示10个子材质。

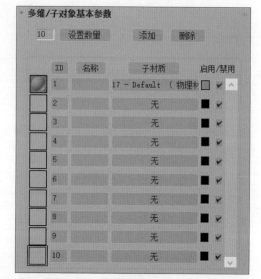

图 4-31

4.3.4　Ink'n Paint材质

Ink'n Paint材质提供带有墨水边界的平面明暗处理，可以模拟卡通动画的材质效果。其参数面板包括"基本材质扩展"卷展栏、"绘制控制"卷展栏、"墨水控制"卷展栏和"超级采样/抗锯齿"卷展栏，如图4-32所示。卷展栏中常用参数的含义介绍如下。

- **亮区**：该选项组用来设置对象中亮区的填充颜色。默认为淡蓝色。
- **暗区**：该选项组中第一个数字设置是显示在对象不亮面上的亮区颜色的百分比。默认为70.0。
- **高光**：该选项组用来设置反射高光的颜色。默认为白色。
- **贴图**：微调框和按钮之间的复选框可启用

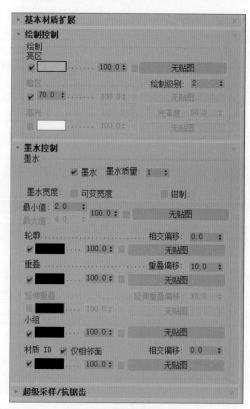

图 4-32

或禁用贴图。

- **墨水**：选中该复选框时，会对渲染对象施墨。
- **墨水质量**：此微调框的设置可以影响笔刷的形状及其使用的示例数量。
- **墨水宽度**：该选项组中的选项可以显示以像素为单位的墨水宽度。
- **可变宽度**：选中该复选框后，墨水宽度可以在墨水宽度的最大值和最小值之间变化。
- **钳制**：选中"可变宽度"复选框后，有时场景照明使一些墨水线变得很细，几乎不可见。如果出现这种情况，可选中"钳制"复选框，它会强制墨水宽度始终保持在最大值和最小值之间。
- **轮廓**：该选项组用来设置对象外边缘处（相对于背景）或其他对象前面的墨水。
- **重叠**：该选项组用来设置当对象的某部分自身重叠时所使用的墨水。
- **延伸重叠**：该选项组与"重叠"相似，但将墨水应用到较远的曲面，而不是较近的曲面。
- **小组**：该选项组用来设置边界间绘制的墨水。
- **材质ID**：该选项组用来设置不同材质ID值之间绘制的墨水。

4.3.5　双面材质

生活中有些物体的正反两面是不同的质感和纹理，比如名片、雨伞、双面胶带等。"双面"材质可以为对象的前面和后面指定两个不同的材质，其参数面板如图4-33所示。

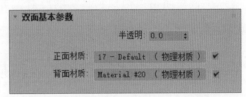

图 4-33

- **半透明**：此微调框用来设置一个材质通过其他材质显示的数量。设置为100.0时，可以在内部面上显示外部材质，并在外部面上显示内部材质；设置为中间的数值时，内部材质指定的百分比将下降，并显示在外部面上。
- **正面材质、背面材质**：单击此选项可显示材质和贴图浏览器并且选择一面或另一面使用的材质。

4.3.6　顶/底材质

"顶/底"材质通常用来制作顶部和底部不同效果的材质。该材质包括顶材质和底材质两种，且两种材质可互换，参数面板如图4-34所示。

- **顶材质、底材质**：这两个选项组用来设置顶部和底部材质。
- **交换**：单击该按钮可以交换"顶材质"和"底材质"的位置。
- **世界、局部**：使用这两个单选按钮，可以按照场景的世界坐标或局部坐标让各个面朝上或朝下。
- **混合**：此微调框可用来混合顶部子材质和底部子材质之间的边缘。
- **位置**：此微调框可用来设置两种材质在对象上划分的位置。

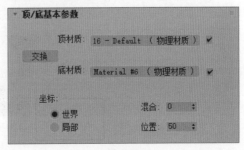

图 4-34

4.3.7 壳材质

壳材质通常用于纹理烘焙，其参数面板如图4-35所示。

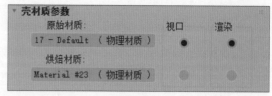

图 4-35

- **原始材质：** 此选项用来显示原始材质的名称。单击按钮可查看该材质，并调整其设置。
- **烘焙材质：** 此选项用来显示烘焙材质的名称。除了原始材质所使用的颜色和贴图之外，烘焙材质还包含照明、阴影和其他信息。
- **视口：** 使用这些单选按钮可以选择在明暗处理视口中出现的材质。
- **渲染：** 使用这些单选按钮可以选择在渲染中出现的材质。

4.4 VRayMtl材质

VRayMtl材质是VRay渲染器提供了一种特殊的材质，只有安装了VRay渲染器插件才会显示。该材质可以模拟超真实的反射、折射及纹理效果，质感真实、细腻，是其他3ds Max内置材质都无法达到的。

案例解析：创建玻璃水杯材质

本案例利用VRayMtl材质来创建玻璃水杯材质。

步骤 01 打开"玻璃杯"模型素材，如图4-36所示。

步骤 02 制作玻璃材质。按快捷键M打开材质编辑器，选择一个空白材质球，设置材质类型为VRayMtl，将"反射"和"折射"颜色设为白色（红:255，绿:255，蓝:255），将"雾颜色"设为淡青色（红:225，绿:230，蓝:230），再设置最大深度、折射率及深度值，如图4-37所示（注：进行颜色设置时，一般用R表示红，G表示绿，B表示蓝）。

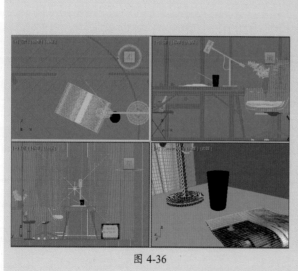

图 4-36

图 4-37

设置好的玻璃材质预览效果如图4-38所示。

图 4-38

步骤 03 制作水材质。再选择一个空白材质球，设置材质类型为VRayMtl，设置漫反射颜色（红:240, 绿:240, 蓝:240）、反射颜色（红:180, 绿:180, 蓝:180）及折射颜色（白色），再设置最大深度、折射率，选中"影响阴影"复选框，如图4-39所示。设置好的水材质预览效果如图4-40所示。

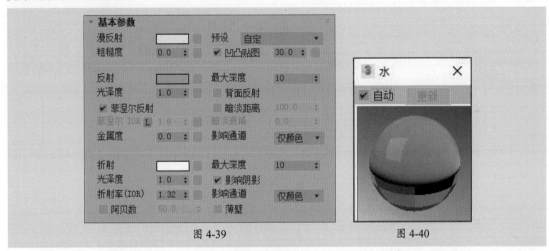

图 4-39　　　　　　　　　　　　图 4-40

步骤 04 将创建好的材质分别指定给玻璃杯模型和水模型。渲染摄影机视图，最终效果如图4-41所示。

图 4-41

4.4.1 基本参数

"基本参数"卷展栏主要用于设置材质的基本属性，如漫反射、反射、折射、半透明、自发光等，如图4-42所示。下面将对常用参数选项进行说明。

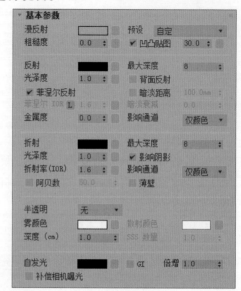

- **漫反射**：此选项用来设置漫反射，这是物体的固有色，可以是某种颜色也可以是某张贴图，贴图优先。
- **粗糙度**：此微调框中的数值越大，粗糙效果越明显，可以用来模拟绒布的效果。
- **反射**：此选项组用来设置反射。可以用颜色控制反射，也可以用贴图控制，但都基于黑灰白，黑色代表没有反射，白色代表完全反射，灰色代表不同程度的反射。如图4-43所示，这是不同反射程度的材质球。
- **光泽度**：此选项组用来设置物体高光和反射的亮度和模糊。数值越大，高光越明显，反射越清晰。

图 4-42

图 4-43

- **菲涅尔反射**：选中该复选框后可增强反射物体的细节变化。如图4-44所示，这是"菲涅尔反射"复选框选中前后的材质效果。

图 4-44

- **菲涅尔IOR：** 当此微调框中的数值为0时，菲涅尔效果失效；当数值为1时，材质则完全失去反射属性。
- **金属度：** 此选项组中的选项用来控制材质的反射计算模型，从绝缘体到金属。
- **最大深度：** 此微调框用来设置反射次数。数值为1时，反射1次；数值为2时，反射2次。以此类推，反射次数越多，细节越丰富，但一般而言，5次以内就足够了，大的物体需要丰富的细节，但小的物体细节再多也观察不到，只会增加计算量。
- **背面反射：** 选中此复选框后可增加背面反射效果。
- **暗淡距离：** 该复选框用来控制暗淡距离的数值。
- **细分：** 提高此微调框中的数值，能够有效降低反射时画面出现的噪点。
- **折射：** 可以由旁边的色条决定，黑色时不透明，白色时全透明；也可以由贴图决定，贴图优先。如图4-45所示，这是不同折射程度的材质球。

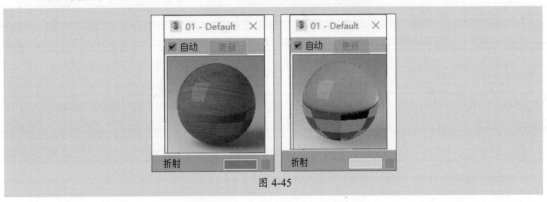

图 4-45

- **光泽度：** 此微调框用来控制折射表面光滑程度，数值越大，表面越光滑；数值越小，表面越粗糙。调低"光泽度"可以模拟磨砂玻璃效果。
- **折射率（IOR）：** 此微调框用来设置折射的程度。数值越大材质效果越色彩斑斓，常见的酒水折射率为1.333，玻璃折射率为1.5～1.77，钻石折射率为2.417。如图4-46所示，这是不同折射率的材质球。

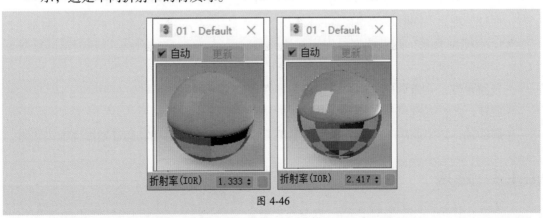

图 4-46

- **阿贝数：** 选中此复选框时，其右边的微调框用来设置色散的程度。
- **最大深度：** 此微调框用来设置折射次数。
- **影响阴影：** 选中此复选框后阴影会随着烟雾颜色而改变，使透明物体阴影更加真实。

- **雾颜色**：此选项用来设置透明玻璃的颜色，非常敏感，改动一点就能产生很大变化。
- **半透明**：此下拉列表框用来设置半透明效果的类型，包括硬、软和混合模式三种类型。
- **深度**：此微调框用来控制光线在物体内部被追踪的深度，也可以将其理解为光线的最大穿透力。
- **散射颜色**：此选项用来控制半透明效果的颜色。
- **自发光**：该选项用来控制自发光的颜色。
- **倍增**：此微调框用来控制自发光的强度。
- **补偿相机曝光**：该复选框用于增强相机曝光值。

4.4.2 双向反射分布函数

简单的说，双向反射分布函数就是描述光线如何在物体表面进行反射的一个规则。当人们看到一个物体被光照亮时，光线并不是简单的从一个方向射入，再从另一个方向直接反射出来的。而是会根据物体表面的材质、形状等因素，在各个方向产生不同程度的反射。利用该规则可以模拟光线在物体表面的反射效果，从而让渲染的图像更加真实。

"双向反射分布函数"卷展栏主要用于控制物体表面的反射特性。当反射里的颜色不为黑色和反射模糊不为1时，这个功能才有效果，其参数面板如图4-47所示。

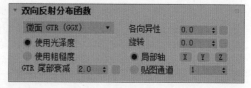

图 4-47

- **反射类型**：此下拉列表框提供了冯氏、布林、沃德和微面GTR（GGX）四种双向反射分布类型。
- **使用光泽度**：选中该单选按钮时，精确控制材质表面微观不平整程度对光反射行为的影响。当光泽度值接近1时，表示材质表面极其光滑，反射呈现镜面效果，即高光区域非常集中且边界清晰；当光泽度值较低时，则意味着材质表面较为粗糙，反射更为模糊、扩散，此时反射光会在更大的区域内散射分布。
- **使用粗糙度**：选中该单选按钮时，材质的反射属性不再表现为理想化的镜面反射，而是呈现出不同程度的模糊或散射效果。
- **GTR尾部衰减**：此微调框可用来细化材质的反射尾部衰减特性，以匹配不同场景下真实材质表现。
- **各向异性**：此微调框可用来设置各向异性控制高光区域的形状。
- **旋转**：此微调框可用来控制高光形状的角度。
- **局部轴**：选中此单选按钮，可以控制高光形状的轴线，也可以通过贴图通道来设置。

4.4.3 选项

"选项"卷展栏如图4-48所示，其主要参数选项说明如下。

- **跟踪反射**：该复选框用来控制光线是否最终反射。当取消选中该复选框时，VRay

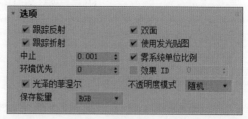

图 4-48

将不渲染反射效果。

- **跟踪折射**：该复选框用来控制光线是否追踪折射。当取消选中该复选框时，VRay将不渲染折射效果。

- **双面**：选中该复选框时，控制VRay渲染的面为双面。

其他参数选项不经常使用，在此就不再做解释。

4.4.4 贴图

"贴图"卷展栏包含每个贴图类型的通道按钮，单击后会打开"材质/贴图浏览器"对话框。这里为用户提供了多种贴图类型，可以应用在不同的贴图方式，如图4-49所示。

下面将对常用的一些贴图通道进行说明。

- **漫反射**：该选项组中的选项用于指定材质的表面颜色或纹理贴图。

- **反射**：该选项组中的选项用于控制材质表面反射特性的贴图通道。在这个通道上指定一个贴图时，该贴图会决定材质表面上反射光线的颜色和强度分布。

- **光泽度**：该选项组中的选项用于指定材质表面光泽度变化的贴图通道。光泽度决定了材质表面反射的清晰度和聚焦程度。当为光泽度指定一个贴图时，材质表面的各个点将会依据贴图的灰度或颜色信息来表现出不同的光滑度效果。

图 4-49

- **折射**：该选项组中的选项用来指定材质的折射特性及其颜色变化的贴图通道。当为折射指定一个贴图时，该贴图会影响材质内部光线传播时的颜色和透明度变化。模拟如玻璃、水、宝石以及其他透明或半透明材质的效果。

- **不透明度**：该选项组中的选项用于指定材质的透明度级别。不透明度贴图可控制模型各部分的可见性。通过贴图的灰度值或颜色信息来实现材质表面不同程度的透明或半透明效果。常应用于模拟玻璃、水、塑料、窗帘等各种透明或半透明材质。

- **凹凸**：该选项组中的选项用于模拟材质表面的不平度或立体细节。在该通道中指定一个贴图时，贴图中的白色代表凸出部位，黑色代表凹陷部位，中间的灰度值则代表过渡区域。通过这种方式，即使模型本身的几何结构不变，也能让渲染结果呈现出表面起伏不平、有细微纹理的感觉。常应用于砖墙的砖缝、皮革的纹理、木材的纹理等。

- **置换**：该选项组中的选项用于实现几何体表面细节改变，而不是仅仅通过凹凸贴图模拟表面细节。贴图通道中指定一个贴图时，系统会根据贴图的灰度或颜色信息来动态地改变模型的实际几何形态。常应用于岩石、皮肤毛孔、织物褶皱等材质。

操作提示

凹凸贴图通道和置换贴图通道区别很大。凹凸贴图通道是一种灰度图，用表面灰度的变化来描述目标表面的凹凸变化，这种贴图是黑白的。而置换贴图通道是根据贴图图案灰度分布情况对几何表面进行置换，较浅的颜色向内凹进，比较深的颜色向外凸出，是一种真正改变物体表面的方式，细微地改变物体表面的细节。

● **环境：** 该选项组中的选项主要针对上面的一些贴图而设定，如反射、折射等，只是在其贴图的效果上加入了环境贴图效果。

"贴图"卷展栏中的微调框有两个作用。一是用于调整参数的强度，比如"凹凸"通道中加载了贴图，那么该参数值越大，产生的凹凸效果就越强烈。二是调整通道颜色和贴图的混合比例。比如"漫反射"通道中既调整了颜色又加载了贴图，如果此时数值为100，就表示只有贴图产生作用；如果数值为50，则两者各作用一般；如果数值为0，则仅体现出颜色效果。

4.5 其他VRay材质

VRayMtl材质是VRay渲染器默认的材质类型。当然除了该材质外，还有其他的一些VRay材质类型供用户使用，例如VRay灯光材质、VRay覆盖材质、VRay材质包裹器、VRay混合材质等。

案例解析：创建钻石戒指材质

下面利用VRay混合材质来创建铂金和钻石材质。

步骤 01 打开"戒指"模型素材，如图4-50所示。

图 4-50

步骤 02 制作铂金材质。按快捷键M打开材质编辑器，选择一个空白材质球，设置材质类型为VRayMtl，在"基本参数"卷展栏中设置漫反射颜色（红:0，绿:0，蓝:0）和反射颜色（红:211，绿:211，蓝:211），再设置反射光泽度，如图4-51所示。制作好的材质预览效果如图4-52所示。

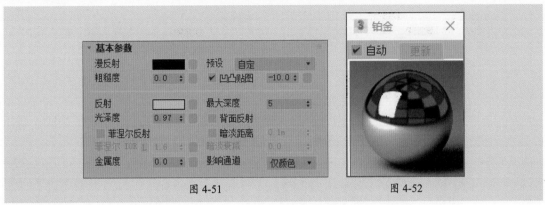

| 图 4-51 | 图 4-52 |

步骤 03 制作钻石材质。选择一个空白材质球，设置材质类型为VRay混合材质，并在"替换材质"对话框中选择"丢弃旧材质?"单选按钮，如图4-53所示。

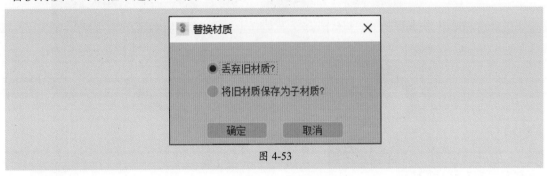

图 4-53

步骤 04 在"参数"卷展栏中设置涂层材质1的材质类型为VRayMtl，进入"基本参数"卷展栏，设置漫反射颜色（红:0，绿:0，蓝:0）、反射颜色（白色）及折射颜色（白色），再设置折射率、最大深度等参数，如图4-54所示。

步骤 05 返回上一级，复制涂层材质1到涂层材质2和3，并分别设置三个镀膜材质的混合颜色，如图4-55所示。

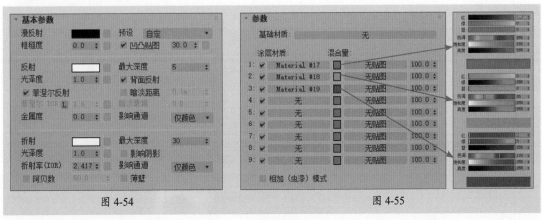

| 图 4-54 | 图 4-55 |

步骤06 再分别设置涂层材质2和涂层材质3的折射率为2.447和2.477，其余参数不变，如图4-56、图4-57所示。设置好的钻石材质预览效果如图4-58所示。

步骤07 将制作好的材质分别指定给指环和钻石模型，渲染摄影机视口，效果如图4-59所示。

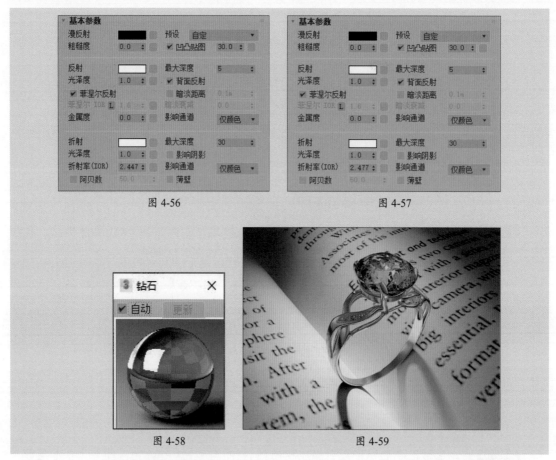

图 4-56　　　　　　　　　　　　　　　　图 4-57

图 4-58　　　　　　　　　　　图 4-59

4.5.1　VRay灯光材质

VRay灯光材质是VRay渲染器提供的一种特殊材质，可以通过设置不同的倍增值在场景中产生不同的明暗效果，并且对场景中的物体也产生影响，常用来制作灯带、霓虹灯、屏幕等效果。

VRay灯光材质在渲染的时候要比3ds Max默认的自发光材质快很多，其参数面板如图4-60所示。

- **颜色:** 该选项主要用于设置自发光材质的颜色，默认为白色。单击色样打开颜色选择器，可以选择所需的颜色。不同的灯光颜色对周围对象表面的颜色会有不同的影响。

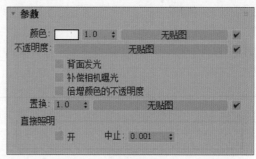

图 4-60

- **倍增：** 此微调框用来控制自发光的强度。数值越大，灯光越亮，反之则越暗。默认值为1.0。
- **不透明度：** 此选项组可以给自发光的不透明度指定材质贴图，让材质产生自发光的光源。
- **背面发光：** 此复选框用来设置自发光材质是否两面都产生自发光。
- **补偿相机曝光：** 选中此复选框，可以控制相机曝光补偿的数值。
- **倍增颜色的不透明度：** 选中该复选框后，将按照控制不透明度与颜色相加。

4.5.2 VRay覆盖材质

VRay覆盖材质可以让用户更广泛地去控制场景的色彩融合、反射、折射等。VRay覆盖材质主要包括五种材质通道，分别是"基础材质""GI材质""反射材质""折射材质""阴影材质"，其参数面板如图4-61所示。

图 4-61

- **基础材质：** 此选项用来设置物体的基础材质。
- **GI材质：** 此选项用来设置物体的全局光材质。当使用这个参数的时候，灯光的反弹将依照这个材质的灰度来进行控制，而不是基础材质。
- **反射材质：** 此选项用来设置物体的反射材质，即在反射里看到的物体的材质。
- **折射材质：** 此选项用来设置物体的折射材质，即在折射里看到的物体的材质。
- **阴影材质：** 基本材质的阴影将用该参数中的材质来进行控制，而基本材质的阴影将无效。

4.5.3 VRay材质包裹器

VRay材质包裹器材质主要用于控制材质的全局光照、焦散和不可见，也就是说，通过VRay材质包裹器可以将标准材质转换为VRay渲染器支持的材质类型。当一个材质在场景中过亮或者色溢太多，就可以嵌套这个材质。其参数面板如4-62图所示。

图 4-62

- **基础材质：** 该选项用来设置VRay材质包裹器中使用的基础材质，该材质必须是VRay渲染器支持的材质类型。
- **生成GI：** 该选项用来控制使用此材质的物体产生的照明强度。
- **接收GI：** 该选项用来控制使用此材质的物体接收的照明强度。
- **生成焦散：** 取消选中该复选框材质才会产生焦散效果。
- **接收焦散：** 取消选中该复选框材质将接收焦散的效果。

- **无光泽属性**：选中此复选框后，在进行直接观察的时候，将显示背景而不会显示基本材质，这样的材质看上去类似3ds Max标准的不光滑材质。
- **阴影**：此复选框用来控制遮罩物体是否接收直接光照产生的阴影效果。
- **影响Alpha**：此复选框用来设置直接光照是否影响遮罩物体的Alpha通道。
- **颜色**：此选项用来控制被包裹材质的物体接收的阴影颜色。
- **亮度**：此选项用来控制遮罩物体接收阴影的强度。
- **反射量、折射量**：这两个微调框用来控制遮罩物体的反射程度和折射程度。
- **GI 量**：此微调框用来控制遮罩物体接收间接照明的程度。
- **GI 曲面ID**：此微调框用来设置全局照明曲面ID的参数。

4.5.4　VRay车漆材质

VRay车漆材质通常用来模拟汽车漆的材质效果，其材质包括三个层，分别为基础层、亮片层、清漆层。可以模拟出真实的车漆层次效果。其参数面板包括"基础层参数"卷展栏、"亮片层参数"卷展栏、"清漆层参数"卷展栏、"选项"卷展栏和"贴图"卷展栏，如图4-63所示。

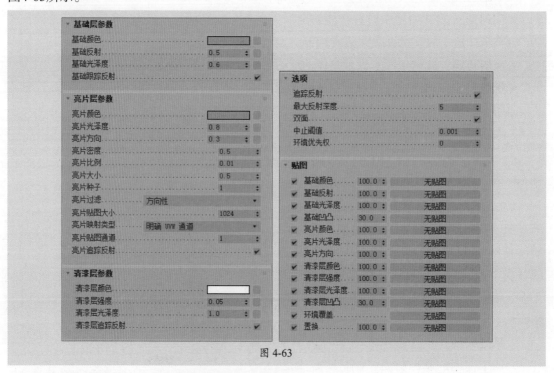

图 4-63

下面将对一些主要的设置参数选项进行说明。

- **基础颜色**：该选项组用来控制基础层的漫反射颜色。
- **基础反射**：该选项组用来控制基础层的反射率。
- **基础光泽度**：该选项组用来控制基础层的反射光泽度。
- **基础跟踪反射**：当取消选中该复选框时，基础层仅产生镜面高光，而没有反射光泽度。
- **亮片颜色**：该选项组用来设置金属亮片的颜色。

- **亮片光泽度：** 该选项组用来设置金属亮片的光泽度。
- **亮片方向：** 该选项组用来控制亮片与建模表面法线的相对方向。
- **亮片密度：** 微调框用来控制固定区域中的密度。
- **亮片比例：** 微调框用来控制亮片结构的整体比例。
- **亮片大小：** 微调框用来控制亮片的颗粒大小。
- **亮片种子：** 微调框用来产生亮片的随机种子数量。使得亮片结构产生不同的随机分布。
- **亮片过滤：** 此下拉列表框可以决定以何种方式对亮片进行过滤。
- **亮片贴图大小：** 微调框用来指定亮片贴图的大小。
- **亮片映射类型：** 此下拉列表框可以指定亮片贴图的方式。
- **亮片贴图通道：** 微调框用来设置当贴图类型是精确UVW通道时，薄片贴图所使用的贴图通道。
- **亮片追踪反射：** 当取消选中此复选框时，基础层仅产生镜面高光，而没有真实的反射。
- **清漆层颜色：** 此选项用来设置清漆层的颜色。
- **清漆层强度：** 此微调框用来设置直视建模表面时，清漆层的反射率。
- **清漆层光泽度：** 此微调框用来设置清漆层的光泽度。
- **清漆层追踪反射：** 当取消选中此复选框时，基础层仅产生镜面高光，而没有真实的反射。
- **追踪反射：** 当取消选中此复选框时，来自各个不同层的漫反射将不进行光线跟踪。
- **双面：** 当选中此复选框时，材质是双面的。
- **中止阈值：** 此微调框用来设置各个不同层计算反射时的中止极限值。
- **环境优先级：** 此微调框用来设置该材质的环境覆盖贴图的优先权。

贴图卷展栏主要都是设置相关材质的贴图通道。

4.5.5　VRay混合材质

VRay混合材质可以将多种材质进行叠加，从而实现一种混合材质的效果，用法与虫漆材质、混合材质类似。其参数面板如图4-64所示。

主要参数说明如下。

- **基础材质：** 此选项用来设置最基层的材质。
- **涂层材质：** 此选项组用来设置基层材质上面的材质。
- **混合量：** 此选项用来设置两种以上材质的混合度。当颜色为黑色，会完全显示挤出材质的漫反射颜色；当颜色为白色时，会完全显示镀膜材质的漫反射颜色。用户也可以利用贴图通道来控制。

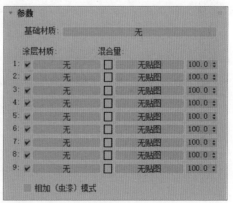

图 4-64

- **相加（虫漆）模式：** 选中此复选框后与虫漆材质类似。一般不选中此复选框。

4.5.6 VRay双面材质

VRay双面材质是一种比较特殊的材质，能够使物体法线背面受到光照，可以用于模拟纸、窗帘、树叶等双面材质效果。该材质属于复合材质类型，不能单独使用，必须指定子材质，其参数面板如图4-65所示。

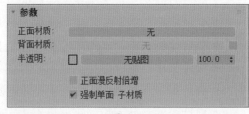

图 4-65

- **正面材质**：使用此选项可以在该通道上添加正面材质。
- **背面材质**：使用此选项可以在该通道上添加背景材质。
- **半透明**：使用此选项组可以在该通道上添加半透明贴图。
- **强制单面子材质**：选中该复选框可以控制强制单面的子材质效果。

课堂实战 为茶几模型创建玻璃材质

本案例将利用本章所学材质知识来为茶几组合模型创建玻璃的材质。主要应用到的材质命令有：VRay混合材质、VRayMtl材质等。

步骤01 打开"茶几"场景模型，如图4-66所示。

步骤02 制作茶几玻璃材质。按快捷键M打开材质编辑器，选择一个空白材质球，设置为VRayMtl材质，在"基本参数"卷展栏中设置漫反射颜色（红:198, 绿:198, 蓝:198）、反射颜色（红:10, 绿:10, 蓝:10）、折射颜色（白色）以及雾颜色（红:148, 绿:161, 蓝:166），再设置最大深度等参数，如图4-67所示。制作好的茶几玻璃材质预览效果如图4-68所示。

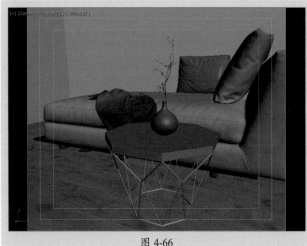

图 4-66

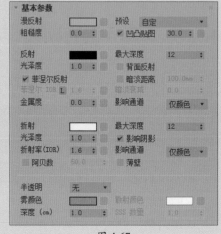

图 4-67

步骤03 制作金属材质。选择一个空白材质球，设置为VRayMtl材质，在"基本参数"卷展栏中设置漫反射颜色（红:69, 绿:48, 蓝:16）和反射颜色（红:69, 绿:48, 蓝:16），再设置反射光泽度，如图4-69所示。

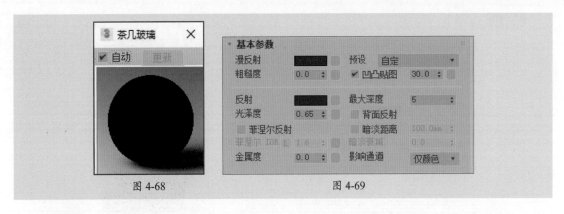

图 4-68   图 4-69

步骤 04 在"双向反射分布函数"卷展栏中设置"各向异性"为0.5，如图4-70所示。制作好的金属材质预览效果如图4-71所示。将材质分别指定给茶几玻璃和框架模型。

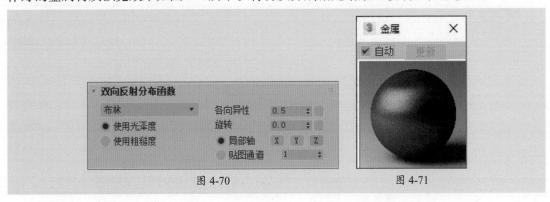

图 4-70   图 4-71

步骤 05 制作花瓶。再选择一个空白材质球，设置为VRay混合材质，设置基础材质类型和涂层材质类型都为VRayMtl，并选中"相加（虫漆）模式"复选框，如图4-72所示。

步骤 06 进入基础材质参数面板，设置漫反射颜色（红:15, 绿:16, 蓝:16）、反射颜色（白色）、折射颜色（白色）和烟雾颜色（红:68, 绿:150, 蓝:126）。设置折射参数以及雾颜色等参数，如图4-73所示。

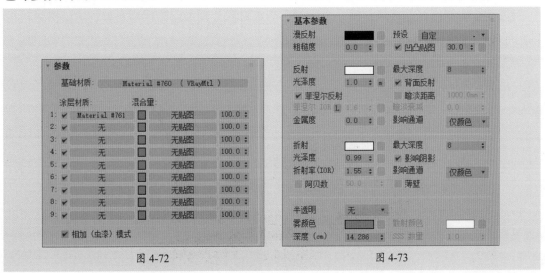

图 4-72   图 4-73

第 4 章 材质技术

105

步骤 07 返回上一层级，打开涂层材质1参数面板，设置漫反射颜色（黑色）和反射颜色（白色），并设置反射光泽度，如图4-74所示。花瓶材质球预览效果如图4-75所示。

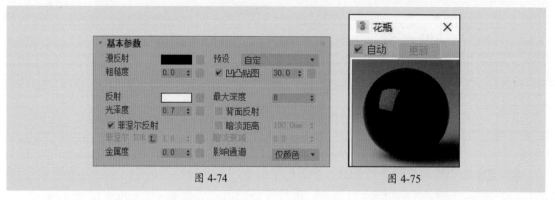

图 4-74　　　　　　　　　　　　　图 4-75

步骤 08 制作水材质。选择空白材质球，设置材质类型为VRayMtl材质，在"基本参数"卷展栏中设置漫反射颜色为黑色，反射颜色和折射颜色都为白色，再设置折射、光泽度和折射率等参数，如图4-76所示。制作好的水材质预览效果如图4-77所示。

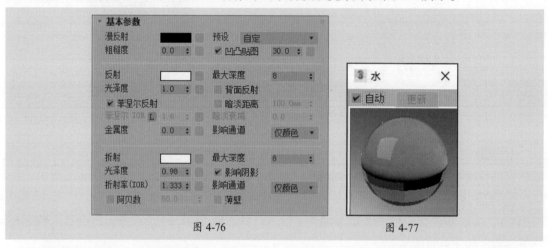

图 4-76　　　　　　　　　　　　　图 4-77

步骤 09 将制作好的玻璃材质、金属材质与水材质分别指定给模型对象，渲染摄影机视口，最终效果如图4-78所示。

图 4-78

课后练习 创建不锈钢锅材质

本练习将利用VRayMtl材质来为锅内胆创建不锈钢材质，效果如图4-79所示。

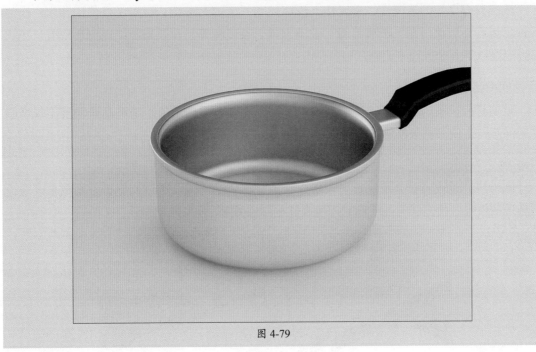

图 4-79

1. 技术要点

步骤 01 打开材质编辑器，选择一个空白材质球，设置材质类型为VRayMtl。

步骤 02 设置漫反射颜色和反射颜色，再设置反射光泽度。

2. 分步演示

创建不锈钢锅材质的分步演示如图4-80所示。

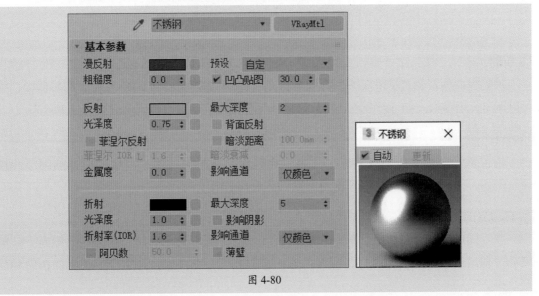

图 4-80

玻璃，彰显晶莹剔透的美

玻璃具有良好的透视性、透光性、隔声性和一定的保温性，可以说是使用非常广泛的一种材料。如玻璃门窗、玻璃幕墙、玻璃家具、玻璃杯等。在效果图中进行表现时，用户可以通过以下几个方面来调整。

1. 透明度和清晰度

玻璃具有极高的透明度，能够清晰地展现出物体背后的景象。这种高透明度不仅增强了空间感，也使得整个场景更加通透、明亮。

2. 折射

光线在通过玻璃时会发生折射，所以在调整材质时，可以通过调整折射参数来改变透明玻璃的效果，使光线通过玻璃时产生真实的弯曲效果，如图4-81所示。

图 4-81

3. 反射

玻璃表面通常会有反射效果，特别是当光线直接照射到玻璃上时。在材质编辑器中，你可以调整反射参数，如反射颜色、反射强度和反射模糊度，来模拟玻璃表面的反射效果。

4. 细节与纹理

为了增强玻璃材质的真实感，还可以为玻璃材质添加贴图，以增加更多的细节和纹理。例如，使用贴图工具将纹理或图案粘贴到玻璃表面上。

5. 环境光的影响

在不同的环境光条件下，玻璃材质的表现也会有所不同。例如，在柔和的阳光下，玻璃会呈现出温暖而透明的质感；而在强烈的直射光下，则可能会产生更加明显的折射和反射效果。

第**5**章

贴图技术

内容导读

　　3ds Max中的贴图主要用于展示物体材质表面的纹理，它如同一位细腻的画师，以其独特的语言，为平淡无奇的模型描绘出丰富多彩的视觉效果。无论是金属材质的冷硬光泽，还是自然景观的繁杂多样，都离不开贴图技术的巧妙运用。本章将介绍3ds Max常用贴图类型以及贴图运用技巧，以提升用户建模的水平。

思维导图

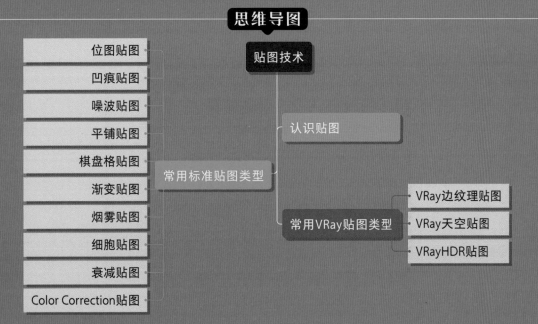

5.1　认识贴图

贴图是利用图像文件（如JPG、PNG、BMP等）来表现模型材质的颜色、亮度、透明度、反射/折射、凹凸感、法线方向等多种属性，如图5-1、图5-2所示。

图 5-1

图 5-2

贴图和材质是有区别的。贴图是实现材质外观的一种手段，它是构成材质整体效果的一部分或全部，尤其在表现物体表面细节方面起到关键作用。而材质则是包含了所有影响物体表面表现的属性集合，既可以依赖于颜色参数，也可以结合多种贴图来达到高度逼真的效果。简单地说，材质是规则，贴图是实现这些规则的具体图像数据。

5.2　常用标准贴图类型

3ds Max标准贴图种类有很多，混合贴图、渐变贴图、噪波贴图等。它们都是用来定义和控制模型表面材质属性的一系列纹理映射方法。在材质编辑器中打开"贴图"卷展栏，就可以在任意通道中添加贴图来表现物体的属性。在打开的材质/贴图浏览器中用户可以看到有很多的贴图类型，如图5-3所示。

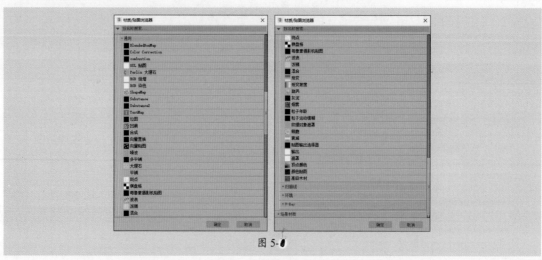

图 5-3

案例解析：创建地板纹理材质

下面利用"位图"贴图来创建地板纹理材质。

步骤 01 打开"室内场景"素材文件，如图5-4所示。

步骤 02 按快捷键M打开材质编辑器，选择一个空白材质球，设置材质类型为VRay覆盖材质，在打开的参数面板中设置基础材质和全局照明材质的材质类型都为VRayMtl，如图5-5所示。

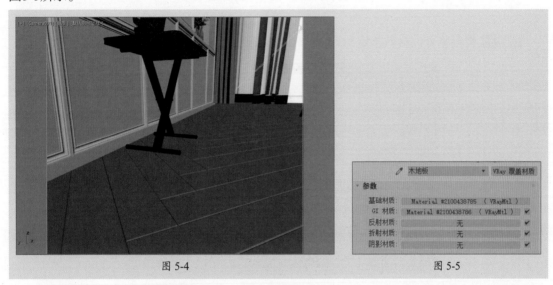

图 5-4   图 5-5

步骤 03 打开基础材质参数面板，在"贴图"卷展栏中为漫反射通道、凹凸通道和光泽度通道添加相同的位图贴图，并设置参数值，如图5-6所示。

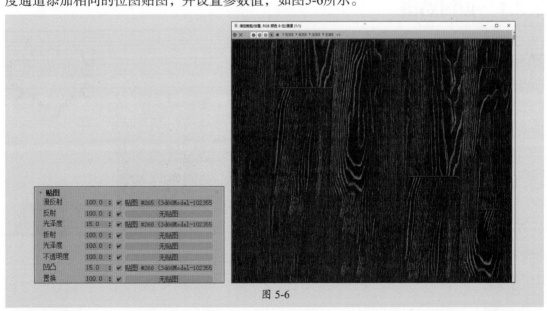

图 5-6

步骤 04 返回"基本参数"卷展栏，设置反射颜色（红:60, 绿:60, 蓝:60），再设置反射光泽度，如图5-7所示。

步骤 05 将"GI 材质"参数保持默认即可。制作好的地板材质效果如图5-8所示。

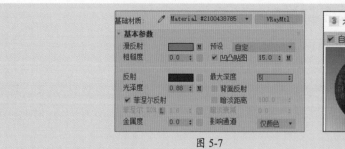

图 5-7

图 5-8

步骤 06 将制作好的材质指定给地板，渲染摄影机视图，效果如图5-9所示。

图 5-9

5.2.1　位图贴图

位图贴图是将一张位图图像作为贴图，是所有贴图类型中最常用的贴图，可以用来创建多种材质。图5-10所示为生活中常见的贴图效果。位图贴图支持很多种格式，包括FLC、AVI、BMP、IFL、JPEG、QuickTime、Movie、PNG、PSD、RLA、TGA、TIFF等。

图 5-10

在位图贴图的参数面板中，用户可以直接设置纹理的显示方式以及输出效果，较为常用的参数面板如图5-11所示。

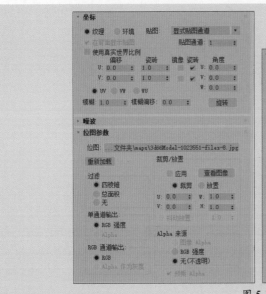
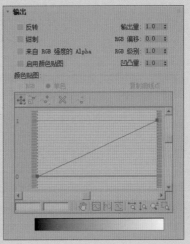

图 5-11

下面将对位图贴图一些常用设置参数选项进行说明。

- **偏移：**该选项组用来控制贴图的偏移效果。
- **角度：**该选项组用来控制贴图的角度旋转效果。
- **模糊：**此微调框用来控制贴图的模糊程度，数值越大贴图越模糊，渲染速度越快。
- **位图：**该选项用来选择位图贴图，通过标准文件浏览器选择位图，选中之后，该选项上会显示位图的路径名称。
- **重新加载：**单击该按钮，对使用相同名称和路径的位图文件进行重新加载。在绘图程序中更新位图后，无须使用文件浏览器重新加载该位图。
- **四棱锥：**选中该单选按钮，将采用四棱锥过滤方法，在计算的时候占用较少的内存，运用最为普遍。
- **总面积：**选中该单选按钮，将采用总面积过滤方法，在计算的时候占用较多的内存，但能产生比四棱锥过滤方法更好的效果。
- **RGB强度：**选中该单选按钮，将使用贴图的红、绿、蓝通道强度。
- **Alpha：**选中该单选按钮，将使用贴图Alpha通道的强度。
- **裁剪、放置：**该选项组用来控制贴图的应用区域。
- **应用：**选中该复选框可以应用裁剪或减小尺寸的位图。

操作提示

　　"过滤"选项组用来选择抗锯齿位图中平均使用的像素方法。"Alpha来源"选项组中的参数用于根据输入的位图确定输出Alpha通道的来源。

5.2.2 凹痕贴图

　　凹痕贴图可以模拟物体表面凹陷的划痕效果，一般模拟破旧的材质，如图5-12所示为使用凹痕贴图制作的效果。用户可以通过参数面板设置凹痕大小、强度、颜色等，其参数面板如图5-13所示。

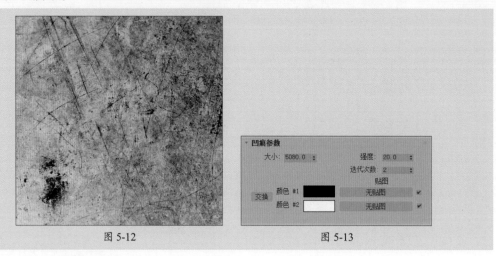

图 5-12　　　　　　　　　　　　　　图 5-13

常用参数选项说明如下。

- **大小：**此微调框用来设置凹痕的相对大小。
- **强度：**此微调框用来决定两种颜色的相对覆盖范围。数值越大，颜色#2的覆盖范围越大；而数值越小，颜色#1的覆盖范围越大。
- **迭代次数：**此微调框用来设置用来创建凹痕的计算次数。
- **交换：**单击此按钮，可以反转颜色或贴图的位置。
- **颜色#1、颜色#2：**在相应的颜色选项中允许选择两种颜色。
- **贴图：**在凹痕图案中用贴图替换颜色。此复选框可启用或禁用相关贴图。

5.2.3　噪波贴图

噪波贴图可以通过两种颜色的随机混合，产生随机的噪波波纹纹理，是使用比较常用的一种贴图，常用于无序贴图效果的制作，如水波纹、草地、墙面、毛巾等，如图5-14所示。用户可以通过参数面板设置波纹类型、强度、大小等效果，其参数面板如图5-15所示。

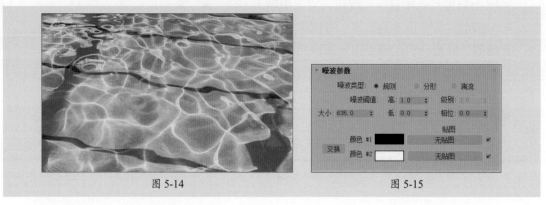

图 5-14　　　　　　　　　　　　　　图 5-15

噪波贴图的常用参数选项说明如下。

- **噪波类型：**在此选项组中共有三种类型（分别是规则、分形和湍流）对应的单选按钮。

- **大小：** 此微调框用来以3ds Max默认单位设置噪波函数的比例。
- **噪波阈值：** 此选项组用来控制噪波的效果。
- **级别：** 此微调框用来决定有多少分形能量用于分形和湍流噪波阈值。
- **相位：** 此微调框用来控制噪波函数的动画速度。
- **交换：** 单击此按钮，可以交换两个颜色或贴图的位置。
- **颜色#1、颜色#2：** 从这两个主要噪波颜色选项中选择，通过所选的两种颜色选项来生成中间颜色值。

操作提示

> 该贴图常与"凹凸"贴图配合使用，会产生对象表面的凹凸效果，还可以与复合材质一起制作出对象表面的灰尘效果。

5.2.4 平铺贴图

平铺贴图可以使用颜色或材质贴图创建瓷砖或其他平铺材质。制作时可以使用预置的建筑砖墙图案，也可以自定义图案，如图5-16所示，其参数面板如图5-17所示。

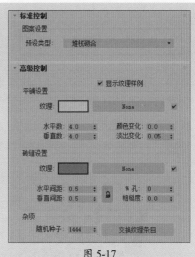

图 5-16   图 5-17

平铺贴图的常用参数选项说明如下。

- **预设类型：** 在此下拉列表框中列出定义的建筑瓷砖砌合、图案、自定义图案等选项，这样可以通过选择"高级控制"和"堆垛布局"卷展栏中的选项来设计自定义的图案。

操作提示

> 只有在"标准控制"卷展栏的"图案设置"选项组的"预设类型"下拉列表框中选择"自定义平铺"选项时，"堆垛布局"卷展栏才处于被激活状态。

- **显示纹理样例：** 选中此复选框，将更新并显示贴图指定给瓷砖或砖缝的纹理。
- **纹理（平铺设置）：** 该选项组用来控制瓷砖纹理贴图的显示。

115

- **水平数、垂直数：**这两个微调框用来控制行和列的瓷砖数。
- **颜色变化：**该微调框用来控制瓷砖的颜色变化。
- **淡出变化：**该微调框用来控制瓷砖的淡出变化。
- **纹理（砖缝设置）：**该选项组用来控制砖缝纹理贴图的显示。
- **水平间距、垂直间距：**这两个微调框用来控制瓷砖间的水平砖缝的大小或垂直砖缝的大小。
- **粗糙度：**该微调框用来控制砖缝边缘的粗糙度。

操作提示

> 默认状态下贴图的水平间距和垂直间距是锁定在一起的，用户可以根据需要解开锁定来单独对它们进行设置。

5.2.5 棋盘格贴图

棋盘格贴图类似国际象棋的棋盘，可以产生两色方格交错的图案，也可以自定义其他颜色或贴图。通过棋盘格贴图间的嵌套，可以产生多彩的方格图案效果，常用于制作一些格状纹理，或者砖墙、地板砖和瓷砖等有序的纹理，如图5-18所示。通过棋盘格贴图的噪波参数，可以在原有的棋盘图案上创建不规则的干扰效果，其参数面板如图5-19所示。对其中的选项说明如下。

- **柔化：**此微调框用来模糊方格之间的边缘，很小的柔化值就能生成很明显的模糊效果。
- **交换：**单击该按钮可交换方格的颜色。
- **颜色#1、颜色#2：**这两个选项用于设置方格的颜色，允许使用贴图代替颜色。
- **贴图：**在此选项组的选项中选择要在棋盘格颜色区内使用的贴图。

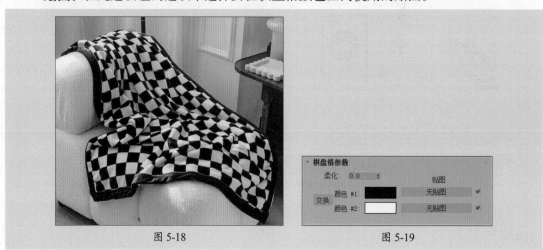

图 5-18   图 5-19

5.2.6 渐变贴图

渐变贴图可是依据上、中、下三个颜色，可扩展性非常强，有线性渐变和放射渐变两种类型，三种色彩可以随意调节，相互区域比例的大小也可调节，通过贴图可以产生无限级别的渐变和图像嵌套效果，如图5-20所示。贴图自身还有噪波参数可调，用于控制相互区域之间融合时产生的杂乱效果，其参数面板如图5-21所示。

图 5-20　　　　　　　　　　　　　　　　　图 5-21

- **颜色#1～#3**：这三个颜色选项用来设置渐变在中间进行插值的三个颜色。显示颜色选择器，可以将颜色从一个色样拖放到另一个色样中。
- **贴图**：该选项组中的选项用来显示贴图而不是颜色。贴图采用混合渐变颜色相同的方式来混合到渐变中。可以在每个窗口中添加嵌套程序以生成5色、7色、9色渐变，或更多的渐变。
- **颜色2位置**：该微调框用来控制中间颜色的中心点。

5.2.7　烟雾贴图

烟雾贴图可以创建随机的、形状不规则的图案，类似于烟雾的效果，常用于制作光线中的烟雾或其他云状流动的效果，如图5-22所示。该贴图可以使用两种不同的颜色来控制材质效果，也可以加载贴图，其参数面板如图5-23所示。对其中的选项说明如下。

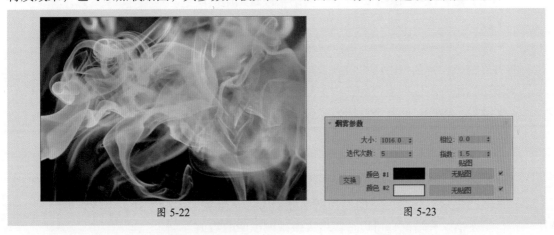

图 5-22　　　　　　　　　　　　　　　　　图 5-23

- **大小**：该微调框用来更改烟雾团的比例。
- **迭代次数**：该微调框用来控制烟雾的效果。数值越大，烟雾效果就越精细。

- **相位：** 该微调框用来转移烟雾图案中的湍流。
- **指数：** 该微调框中的数值可以使代表烟雾的颜色#2更加清晰、缭绕。
- **交换：** 单击该按钮，可以交换颜色。
- **颜色#1：** 该选项表示无烟雾部分或者背景颜色。
- **颜色#2：** 该选项表示烟雾本身的颜色。

操作提示

烟雾贴图一般用于设置动画的不透明贴图，以模拟一束光线中的烟雾效果或其他云状流动贴图效果。

5.2.8 细胞贴图

细胞贴图可以模拟类似细胞形状的贴图，如皮革纹理、鹅卵石、细胞壁等，还可以模拟出海洋的效果，如图5-24所示。在调节时要注意示例窗中的效果不很清晰，最好指定给物体后再进行渲染调节。细胞参数面板如图5-25所示。

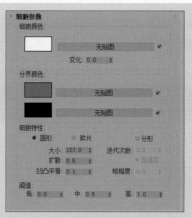

图 5-24   图 5-25

- **细胞颜色：** 该选项组中的参数主要用来设置细胞的颜色。
  - ◆ **颜色：** 该选项用来为细胞选择一种颜色。
  - ◆ **变化：** 使用该微调框，可以通过随机改变红、绿、蓝颜色值来更改细胞的颜色。
- **分界颜色：** 该选项组用来设置细胞的分界颜色。
- **细胞特征：** 该选项组中的选项主要用来设置细胞的一些特征属性。
  - ◆ **圆形、碎片：** 这两个选项用来选择细胞边缘的外观轮廓。
  - ◆ **分形：** 选中此复选框，将细胞图案定义为不规则的碎片图案。
  - ◆ **大小：** 该微调框用来更改贴图的总体尺寸。
  - ◆ **扩散：** 该微调框用来更改单个细胞的大小。
  - ◆ **凹凸平滑：** 将细胞贴图用作凹凸贴图时，在细胞边界处可能会出现锯齿效果。如果发生这种情况，可以适当增大该微调框中的数值。
  - ◆ **迭代次数：** 该微调框用来设置应用分形函数的次数。
  - ◆ **自适应：** 选中该复选框后，分形迭代次数将自适应地进行设置。

◆ **粗糙度：** 将细胞贴图用作凹凸贴图时，该参数用来控制凹凸的粗糙程度。
● **阈值：** 该选项组中的参数用来限制细胞和分解颜色的大小。
　◆ **低：** 该微调框用来调整细胞最低大小。
　◆ **中：** 该微调框用来调整相对于第2分界颜色的最初分界颜色的大小。
　◆ **高：** 该微调框用来调整分界的总体大小。

5.2.9 衰减贴图

衰减贴图可通过两个不同的颜色或贴图来模拟对象表面由深到浅或者由浅到深的过渡效果。如果作用于不透明贴图、自发光贴图和过滤色贴图，会产生一种透明衰减效果，强的地方透明，弱的地方不透明；如果作用于不透明贴图，可以产生透明衰减影响；如果作用于发光贴图，则可以产生光晕效果。如图5-26所示为生活中常见的带有衰减特性的物体。

在创建不透明的衰减效果时，衰减贴图提供了更大的灵活性，参数面板如图5-27所示。

图 5-26

图 5-27

● **前:侧：** 该选项组用来设置衰减贴图的前和侧通道参数。
● **衰减类型：** 该下拉列表框用来设置衰减的方式，共有垂直/平行、朝向/背离、Fresnel、阴影/灯光、距离混合五种选项。
● **衰减方向：** 该下拉列表框用来设置衰减的方向。
● **对象：** 从场景中拾取对象并将其名称显示在该选项上。
● **覆盖材质IOR：** 选中该复选框，允许更改为材质所设置的折射率。
● **折射率：** 该微调框用来设置一个新的折射率。
● **近端距离：** 该微调框用来设置混合效果开始的距离。
● **远端距离：** 该微调框用来设置混合效果结束的距离。
● **外推：** 选中该复选框之后，效果继续超出"近端"和"远端"距离。

操作提示

将衰减贴图指定为不透明度贴图，可以制作出类似于X射线的虚幻效果。

在"衰减参数"卷展栏中，用户可以对衰减贴图的两种颜色进行设置，并且提供了如图5-28所示的五种衰减类型，默认状态下使用的是"垂直/平行"。其中Fresnel类型是基于折射率来调整贴图的衰减效果的，在面向视图的曲面上产生暗淡反射，在有角的面上产生较为明亮的反射，创建就像在玻璃面上一样的高光。

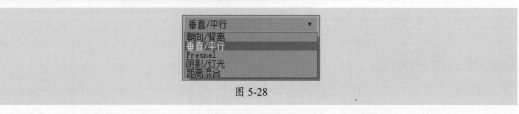

图 5-28

5.2.10　Color Correction（颜色校正）贴图

利用颜色校正贴图可以对贴图进行颜色处理，使其达到预期效果。如图5-29、图5-30所示为使用正常位图贴图和使用颜色校正贴图设置后的效果对比。

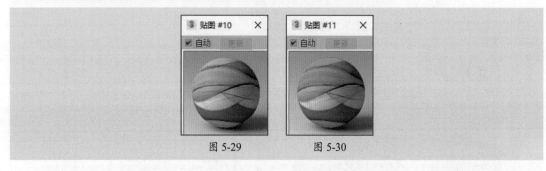

图 5-29　　　　　　　图 5-30

用户可以通过参数面板对图像进行色调、饱和度、亮度、对比度等调整操作，其参数面板如图5-31所示。对其中的选项说明如下。

- **法线：** 选中此单选按钮，将未经改变的颜色通道传递到"颜色"卷展栏控件。
- **单色：** 选中此单选按钮，将所有的颜色通道转换为灰度明暗处理。
- **反转：** 选中此单选按钮，红、绿和蓝颜色通道的反向通道分别替换各通道。
- **自定义：** 选中此单选按钮，允许使用卷展栏上其余控件将不同的设置应用到每一个通道。
- **色调切换：** 使用标准色调谱更改颜色。
- **饱和度：** 该选项用来设置贴图颜色的强度或纯度。
- **色调染色：** 该选项可以根据色样值色化所有非白色的贴图像素。
- **强度：** "色调染色"设置的程度影响贴图像素。
- **亮度：** 该选项用来设置贴图图像的总体亮度。
- **对比度：** 该选项用来设置贴图图像深、浅两部分的区别。

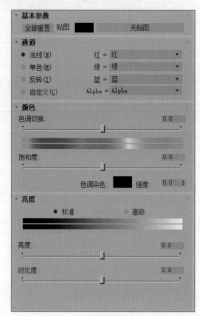

图 5-31

5.3 常用VRay贴图类型

VRay渲染器也向用户提供了多种贴图类型。例如VRay边纹理、VRay天空，VRayHDR
环境贴图等。下面将对这些常用VRay贴图类型的运用进行讲解。

案例解析：为玻璃瓶添加环境反射

本案例利用VRayHDR环境贴图功能来为玻璃瓶添加环境反射效果。

步骤 01 打开"玻璃"场景文件，渲染摄影机视图，可以看到当前玻璃瓶上只反射了几
处灯光效果，如图5-32所示。

步骤 02 删除场景中全部的灯光。按快捷键8打开"环境和效果"面板。在"环境"选
项卡的"公用参数"卷展栏中添加"VRay位图"作为环境贴图，如图5-33所示。

图 5-32   图 5-33

步骤 03 按快捷键M打开材质编辑器。将添加的VRay位图拖至材质编辑器空白材质球
上，选择"实例"复制对象，进入VRayHDR"参数"面板。单击"位图"后的 ■（三点）
按钮，添加环境贴图，如图5-34所示。

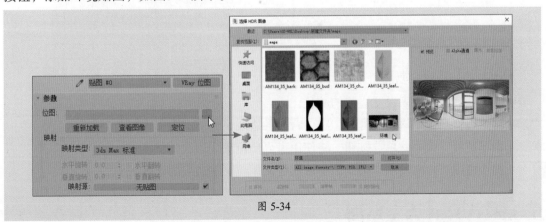

图 5-34

步骤 04 在"参数"面板中将"映射类型"设置为球形。将"全局倍增"设置为3，如
图5-35所示。

步骤 **05** 设置完成后，再次渲染摄像机视图。此时添加的环境贴图已映射到玻璃瓶上了，效果如图5-36所示。

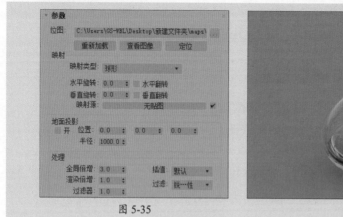

图 5-35　　　　　　　　　　　　　图 5-36

5.3.1　VRay边纹理贴图

VRay边纹理贴图类似3ds Max的线框材质效果，可以模拟制作物体表面的网格颜色效果，如图5-37所示。用户可设置边纹理的颜色、宽度等参数，其参数面板如图5-38所示。

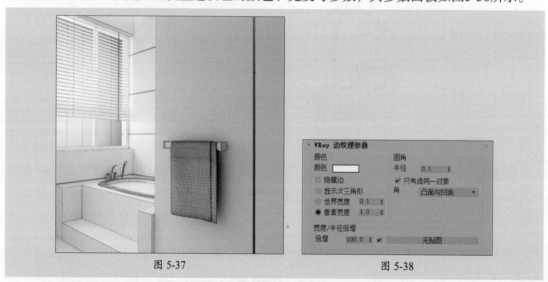

图 5-37　　　　　　　　　　　　　图 5-38

对参数面板中的主要选项说明如下。

● **颜色：** 此选项用来设置边线的颜色。

● **隐藏边：** 当选中该复选框时，物体背面的边线也将被渲染出来。

● **世界宽度：** 选中此单选按钮，将使用世界单位决定边线的宽度。

● **像素宽度：** 选中此单选按钮，将使用像素单位决定边线的宽度。

5.3.2　VRay天空贴图

VRay天空贴图可以模拟浅蓝色渐变的天空效果，并且可以控制亮度。其参数面板如图5-39所示。对其中的选项说明如下。

- **指定太阳节点**：当不选中该复选框时，VRay天空的参数将从场景中VRay太阳的参数里自动匹配；当选中该复选框时，用户就可以从场景中选择不同的光源，在这种情况下，VRay太阳将不再控制VRay天空的效果，VRay天空将用它自身的参数来改变天光的效果。

VRay 天空参数	
指定太阳节点	
太阳光	无
太阳浊度	2.5
太阳臭氧	0.35
太阳强度倍增	1.0
天空模型	改进
间接照明	25000.0
地面反射率	
混合角度	5.0
地平线偏移	0.0

图 5-39

- **太阳光**：单击后面的按钮可以选择太阳光源。
- **太阳浊度**：该微调框用来控制太阳的浑浊度。
- **太阳臭氧**：该微调框用来控制太阳臭氧层的厚度。
- **太阳强度倍增**：该微调框用来控制太阳的亮点。
- **天空模型**：在此下拉列表框中可以选择天空的模型类型。
- **间接照明**：该微调框用来控制间接照明的强度。
- **地面反射率**：此选项用来设置地面对于光线的反射程度。
- **混合角度**：该微调框用于控制天空贴图与地面（或水平面）之间的过渡效果。角度越小，过渡区域越窄；角度越大，过渡区域就越宽。
- **地平线偏移**：该微调框用于调整天空贴图与地平线之间的相对位置。当该参数为正值，天空看起来更高远；相反，参数为负值时，天空看起来更贴近地面。

5.3.3 VRayHDR贴图

VRayHDR贴图是比较特殊的一种贴图，可以利用高动态该范围图像，模拟真实的HDR环境，常用于反射或折射较为明显的场景，如图5-40、图5-41所示。

图 5-40

图 5-41

其主要参数面板如图5-42所示。对其中的主要选项说明如下。

- **位图**：单击后面的三点按钮可以指定一张HDR贴图。
- **映射类型**：此下拉列表框用来控制HDRI的贴图方式，包括角度、立方、球形、球状镜像以及3ds Max标准共五种。
- **水平旋转**：该微调框用来控制HDRI在水平方向的旋转角度。

- **水平翻转**：选中该复选框，可以让HDRI在水平方向上翻转。
- **垂直旋转**：该微调框用来控制HDRI在垂直方向的旋转角度。
- **垂直翻转**：选中该复选框，可以让HDRI在垂直方向上翻转。
- **全局倍增**：该微调框用来控制HDRI的亮度。
- **插值**：在此下拉列表框中选择插值方式，包括双线性、双三次、双二次、默认。
- **渲染倍增**：该微调框用来设置渲染时的光强度倍增。
- **裁剪/放置**：在该选项组中可以选择对贴图进行裁剪及尺寸的调整。
- **类型**：在此下拉列表框中选择控制环境和环境光照对比类型。包括无、反向伽马、Srgb、从3ds Max四种。默认使用反向伽马。

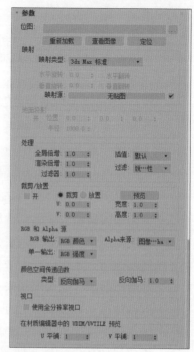

图 5-42

- **反向伽马**：该微调框用来设置贴图的伽马值。数值越小，HDRI的光照对比度就越强，数值大于1则对比越弱。一般使用默认值。

课堂实战 完善客厅一角

本案例将利用所学的材质与贴图相关知识点，来为客厅中的沙发及窗帘模型赋予相应的材质纹理效果。具体操作如下。

步骤 01 打开"沙发一角"场景文件，如图5-43所示。

步骤 02 制作纱帘材质。按快捷键M打开材质编辑器，选择一个空白材质球，设置材质类型为VRayMtl，在"贴图"卷展栏中为漫反射通道和折射通道添加位图贴图，如图5-44所示。

图 5-43

图 5-44

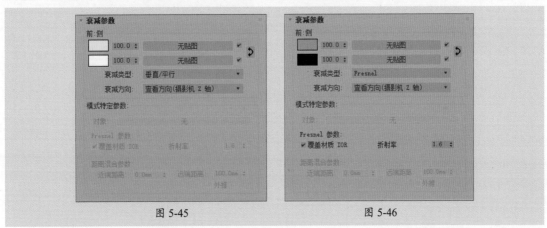以外文字部分：

步骤 03 进入漫反射通道的衰减贴图参数面板，设置颜色1（红:240, 绿:240, 蓝:240）和颜色2（红:255, 绿:255, 蓝:255），如图5-45所示。

步骤 04 再进入折射通道的衰减贴图参数面板，设置颜色1（红:171, 绿:171, 蓝:171）和颜色2（黑色），再设置衰减类型为Fresnel，如图5-46所示。

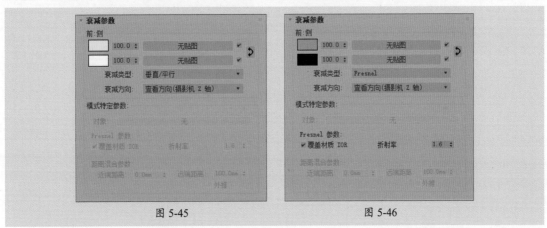

图 5-45   图 5-46

步骤 05 返回"基本参数"卷展栏，设置折射、光泽度、折射率，如图5-47所示。制作好的纱帘材质预览效果如图5-48所示。

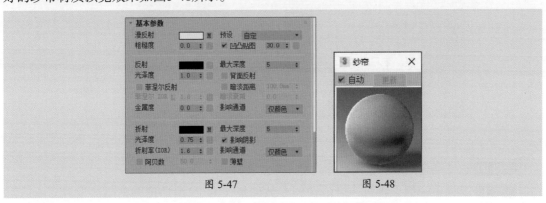

图 5-47   图 5-48

步骤 06 制作窗帘材质。选择一个空白材质球，设置材质类型为VRayMtl，为漫反射通道添加衰减贴图，进入衰减贴图参数面板，为衰减通道添加相同的位图贴图，如图5-49所示。所添加的位图贴图如图5-50所示。制作好的窗帘材质预览效果如图5-51所示。

图 5-49   图 5-50   图 5-51

步骤 07 作沙发布材质。选择一个空白材质球，设置材质类型为VRayMtl，在"贴图"卷展栏中为漫反射通道添加衰减贴图，为凹凸通道添加合成贴图，如图5-52所示。

步骤 08 进入漫反射通道的衰减贴图参数面板，为衰减通道分别添加位图贴图，如图5-53所示。衰减通道的两个位图贴图如图5-54、图5-55所示。

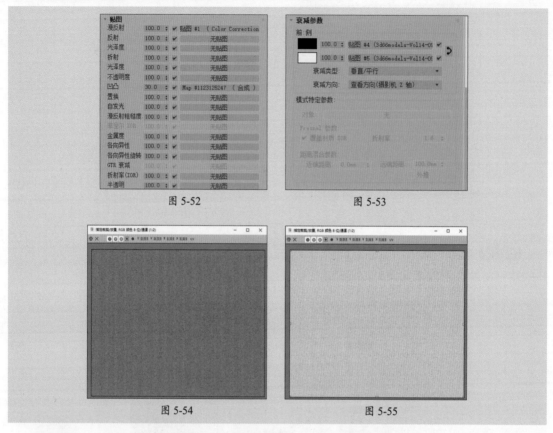

图 5-52　　　　　　　　　　　图 5-53

图 5-54　　　　　　　　　　　图 5-55

步骤 09 在"混合曲线"卷展栏中调整曲线，如图5-56所示。

步骤 10 返回上一级，再进入合成贴图参数面板，为层1添加位图贴图，设置"不透明度"为50.0，如图5-57所示。

步骤 11 再单击"添加新层"按钮添加合成层2，为层2添加位图贴图，设置混合模式为"平均"，不透明度为90.0，如图5-58所示。两个合成层中添加的位图贴图如图5-59、图5-60所示。制作好的沙发布材质预览效果如图5-61所示。

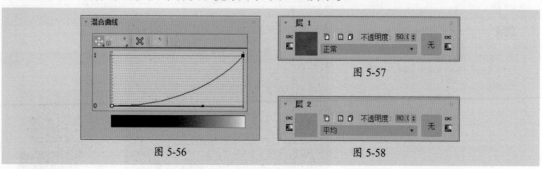

图 5-56　　　　　　　　　　　图 5-57

图 5-58

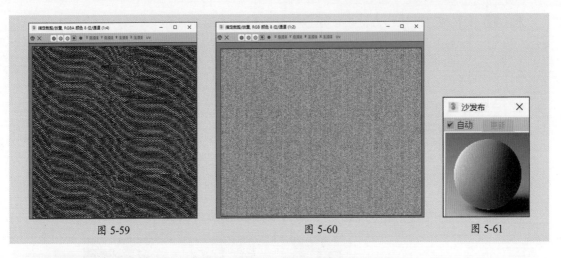

图 5-59　　　　　　　　　　　　　图 5-60　　　　　　　　　　　　图 5-61

步骤 12 制作抱枕1材质。选择一个空白材质球，设置材质类型为VRayMtl，在"贴图"卷展栏中为漫反射通道添加衰减贴图，为凹凸通道添加位图贴图，如图5-62所示。凹凸通道的位图贴图如图5-63所示。

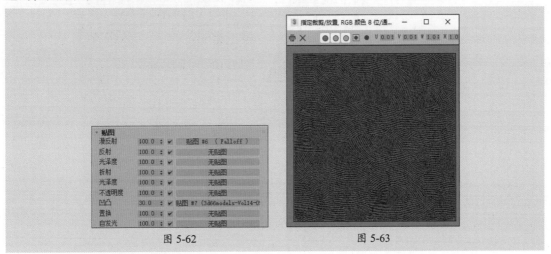

图 5-62　　　　　　　　　　　　　　　　图 5-63

步骤 13 进入衰减贴图参数面板，为衰减通道添加相同的位图贴图，并设置衰减颜色2衰减强度，如图5-64所示。位图贴图如图5-65所示。制作好的抱枕材质预览效果如图5-66所示。

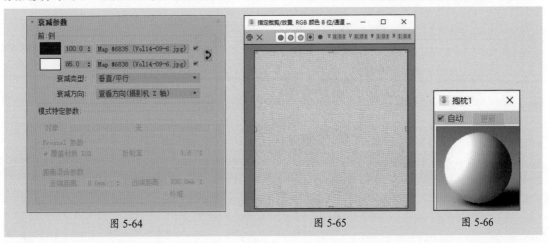

图 5-64　　　　　　　　　　　　图 5-65　　　　　　　　　　　　图 5-66

步骤 14 按照同样的操作方法再创建抱枕2材质，如图5-67所示。

图 5-67

步骤 15 将材质依次指定给场景中的模型，然后渲染摄影机视口，效果如图5-68所示。

图 5-68

学 习 心 得

课后练习 创建不锈钢闹钟材质

本练习将利用衰减贴图来为闹钟模型添加不锈钢材质，如图5-69所示。

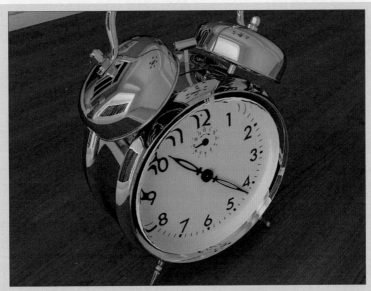

图 5-69

1. 技术要点

步骤 01 选择一个空白材质球，设置VRayMtl材质类型。

步骤 02 设置漫反射颜色，为反射通道添加衰减贴图，再设置衰减颜色和衰减类型。

2. 分步演示

创建不锈钢闹钟材质的分步演示如图5-70所示。

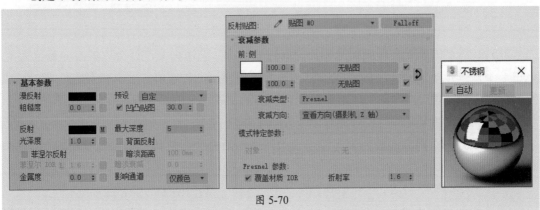

图 5-70

晨曦之光，尽显温柔与绚烂

清晨的阳光通常指的是从天亮到八九点钟这一段时间的太阳光照。这时的太阳的高度与地平线角度大约在30°～45°之间，太阳光穿透大气层，更多的光被散射和反射，所以光线没有中午的时候明亮。

如图5-71所示的场景效果中，太阳光与地面的角度大约在45°，大部分的阴影边缘比较柔和。

图 5-71

此外，清晨的阳光与傍晚阳光相比，其色调偏冷，整体画面色调会以淡淡的黄色为主。该色彩不仅模拟了清晨实际的光线颜色，还能够传递出一种宁静、祥和的氛围。同时，天空的色彩也会呈现出由深蓝到浅蓝，再到金黄的渐变过程，仿佛太阳正在慢慢升起。

用户在调试清晨光照时，可通过以下几步来调整。

（1）设置一个柔和的暖色调光源来模拟清晨的阳光，调整其位置、角度和亮度以获得合适的光照效果。

（2）使用阴影映射或光线追踪等技术来模拟阴影，确保阴影的柔和度和细腻度。

（3）添加一层淡淡的雾气效果，以增强画面的朦胧感和神秘氛围。这可以通过使用雾或粒子大小来实现。

（4）调整环境光的颜色和强度，以营造柔和的背景照明。

第**6**章

灯光技术

内容导读

　　3ds Max灯光技术是塑造虚拟世界光影效果的关键。通过精确控制灯光的类型、强度、方向及颜色，可以营造出千变万化的视觉效果。本章将对3ds Max灯光技术进行讲解，其中包括3ds Max内置的光源和VRay光源这两种灯光的参数设置说明，以帮助读者创造出更加逼真的场景效果。

思维导图

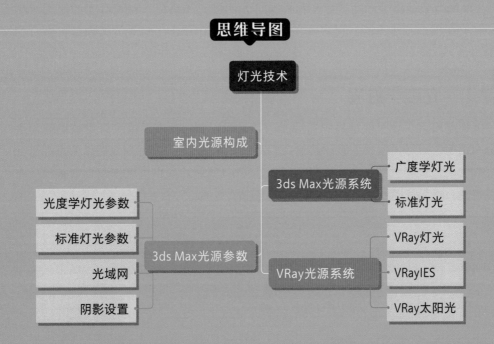

6.1 室内光源构成

室内场景中按照光源层次，可将光源分成三种，分别为关键光、补充光和背景光。同样，在为模型创建灯光时，也需按照这三种光源的分布方式进行布置，以便模拟出真实的光照效果。

1. 关键光

在一个场景中，其主要光源被称为关键光。关键光不一定是指一个光源，但一定是照明的主要光源，它是场景中最主要、最光亮的光，是光照质量的决定性因素，是角色感情的重要表现因素。

2. 补充光

补充光也被称为环境光，主要来自于环境漫反射，因此也被称为环境光。一些作品看起来不真实，很大原因也是因为光线没有主次和层次，不能表现出场景细节，也不能深化整体气氛。

补充光可以填充场景的黑暗区域和阴影区域，使关键光的负担变轻，常被放置在关键光相对的位置，用来柔化阴影，可以为场景提供景深和真实的效果。

3. 背景光

背景光通常作为边缘光，通过照亮对象的边缘将目标对象从背景中分离出来。背景光常被放置在四分之三关键光的正对面，主要对物体的边缘起作用，产生非常小的反射高光区。如果场景中的模型有很多小的圆角边缘，合理使用背景光会增加场景的真实效果。

6.2 3ds Max光源系统

3ds Max中提供了光度学灯光和标准灯光两种光源系统。每种灯光的使用方法不同，其模拟光源的效果也不同。用户可在"创建"面板中单击"灯光"按钮即可查看到这两种光源。

6.2.1 光度学灯光

光度学灯光就像真实世界中的灯光一样，可以利用光度学值进行更精确的定义，如设置分布情况、灯光强度、色温和其他真实世界灯光的属性。3ds Max提供了目标灯光、自由灯光和太阳定位器三种光度学灯光类型，如图6-1所示。用户可以创建具有各种分布和颜色特性灯光，或导入照明制造商提供的特定光度学文件。

图 6-1

1. 目标灯光

目标灯光是效果图制作中常用的一种灯光类型，常用来模拟制作射灯、筒灯等，可以增大画面的灯光层次，如图6-2所示。在视口中单击确认目标灯光的光源位置，移动鼠标后再次单击确认目标点即可创建一盏目标灯光。

3ds Max将光度学灯光进行整合，将所有的目标光度学灯光合为一个对象，用户可以在"模板"卷展栏中选择不同的模板和类型，如图6-3所示为所有类型的模板。

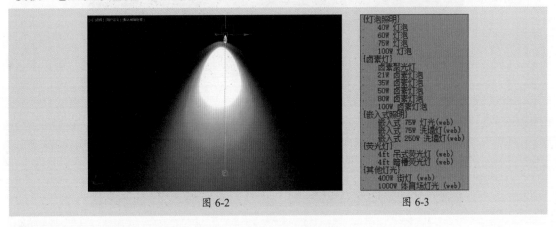

图 6-2　　　　　　　　　　图 6-3

2. 自由灯光

自由灯光与目标灯光相似，唯一的区别就在于自由灯光没有目标点，它的参数和目标灯光相同，创建方法也非常简单，在任意视图按一下鼠标左键，即可创建。

3. 太阳定位器

太阳定位器可以通过设置太阳的距离、日期和时间、气候等参数来模拟现实生活中真实的太阳光照。

光线与对象表面越垂直，对象的表面越明亮。

6.2.2　标准灯光

标准灯光是基于计算机的模拟灯光对象，如家用或办公室灯、舞台和电影工作时使用的灯光设备和太阳光本身。不同类型的灯光对象可用不同的方法投影灯光，模拟不同种类的光源。3ds Max中的标准灯光主要包括目标聚光灯、自由聚光灯、目标平行光、自由平行光、泛光灯和天光六种类型，如图6-4所示。

图 6-4

1. 目标聚光灯

目标聚光灯有一个起始点和一个目标点，起始点标明灯光所在位置，而目标点则指向被照射的物体，常用于模拟手电筒、灯罩为锥形的台灯、探照灯等，如图6-5所示。

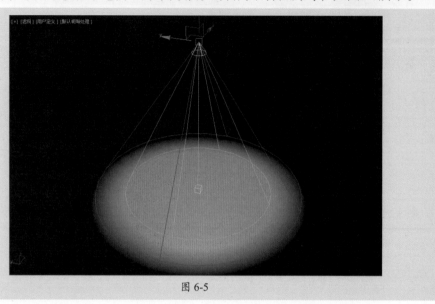

图 6-5

目标聚光灯会根据指定的目标点和光源点创建灯光，在创建灯光后会产生光束，照射物体并产生隐影效果，当有物体遮挡住光束时，光束将被截断。

2. 自由聚光灯

自由聚光灯与目标聚光灯的照明效果相似，都是形成光束照射在物体上，只是使用方式上不同。自由聚光灯没有目标物体，它依靠自身的旋转来照亮空间或物体。如果要使灯光沿着路径运动或者在运动中倾斜，甚至依靠其他物体带动光线运动，就可以使用自由聚光灯。

3. 平行光

当太阳在地球表面投影时，所有平行光以一个方向投影平行光线。平行光主要用于模拟太阳在地球表面投射的光线，即以一个方向投射的平行光，如图6-6所示。目标平行光是具体方向性的灯光，常用来模拟太阳光的照射效果，可以调整灯光的颜色和位置，并在3D空间旋转灯光，当然也可以模拟美丽的夜色。

平行光包括目标平行光和自由平行光两种，光束分为圆柱体光束和方形光束。它的发光点和照射点大小相同，该灯光主要用于模拟太阳光的照射、激光光束等。自由平行光和目标平行光的用处相同，常在制作动画时使用。

4. 泛光灯

泛光灯属于点状光源，从单个光源向各个方向均匀地发散光线，可以照亮整个场景，常用来制作灯泡灯光、蜡烛光等，是比较实用的灯光，如图6-7所示。在场景中创建多个泛光灯，调整色调和位置，可以使场景具有明暗层次。泛光灯不善于凸显主题，所以通常作为补光来模拟环境光的漫反射效果。

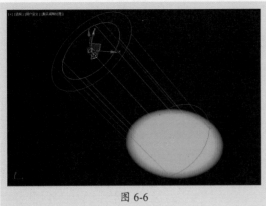
图 6-6

图 6-7

操作提示
用户可以使用变换工具或者灯光视口定位灯光对象和调整其方向。也可以使用"放置高光"命令来调整灯光的位置。

5. 天光

天光是一种用于模拟日光照射效果的灯光，可以从四面八方同时对物体投射光线，得到类似穹顶灯光一样的柔和阴影。天光比较适用于模拟室外照明或者表现模型，也可以设置天空的颜色或将其指定为贴图，对天空建模作为场景上方的圆屋顶。

6.3 3ds Max光源参数

基本的光源布置好后，就需要对各种光源的参数进行调整。例如光源的强度、颜色、灯光阴影方式等，以达到最理想的效果。

案例解析：模拟太阳光照效果

本案例利用目标平行光来模拟卧室场景中太阳光照射的效果。

步骤 01 打开"卧室场景"素材文件，渲染摄影机视图，当前场景效果如图6-8所示。

图 6-8

步骤02 在"标准"灯光创建面板中单击"目标平行光"按钮，在视图中创建一盏目标平行光，并调整光源和目标点位置，如图6-9所示。

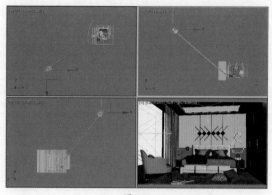

图 6-9

步骤03 进入"修改"面板，在"常规参数"卷展栏中的"阴影"选项组中选中"启用"复选框，并在下面的下拉列表框中设置阴影类型为VRay阴影，然后在"平行光参数"卷展栏中设置聚光区和衰减区参数，如图6-10所示。

步骤04 渲染摄影机视图，会发现目标平行光投到室内的光线被室外模型遮挡住，如图6-11所示。

图 6-10

图 6-11

步骤05 在"常规参数"卷展栏中单击"排除"按钮，打开"排除/包含"对话框，在左侧列表中选择室外模型，然后单击"添加"按钮 >> ，如图6-12所示。然后单击"确定"按钮关闭对话框。

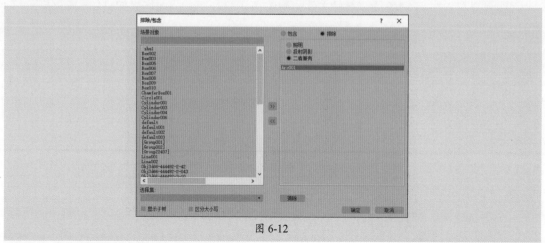

图 6-12

步骤 06 在"强度/颜色/衰减"卷展栏中设置灯光强度（使用"倍增"微调框）和颜色（红:255, 绿:193, 蓝:86），如图6-13所示。

步骤 07 在"VRay阴影 参数"卷展栏中选中"区域阴影"复选框，再设置U/V/W大小以及细分参数，如图6-14所示。

步骤 08 再次渲染摄影机视图，效果如图6-15所示。

图 6-13　　　　　　图 6-14　　　　　　　　　　　　图 6-15

6.3.1　光度学灯光参数

光度学灯光中的目标灯光是光度学灯光中非常常用的一种灯光类型，这里就以目标灯光为例对比较常用的参数进行介绍。

1.「"常规参数"卷展栏

该卷展栏中的参数用于启用和禁用灯光及阴影，并排除或包含场景中的对象，用户还可以设置灯光分布的类型，如图6-16所示。卷展栏中各选项的含义介绍如下。

1）"灯光属性"选项组

- **启用：** 该复选框用来启用或禁用灯光。
- **目标：** 选中该复选框后，目标灯光才有目标点。
- **目标距离：** 该选项用来显示目标的距离。

图 6-16

2）"阴影"选项组

- **启用：** 该复选框用来控制是否开启灯光的阴影效果。
- **使用全局设置：** 选中该复选框后，该灯光投射的阴影将影响整个场景的阴影效果。
- **阴影类型：** 在此下拉列表框中设置渲染场景时使用的阴影类型。包括"高级光线跟踪""区域阴影""阴影贴图""光线跟踪阴影""VR-阴影"。
- **排除：** 单击该按钮将选定的对象排除于灯光效果之外。

3）灯光分布（类型）

在此下拉列表框中设置灯光分布类型。包括光度学Web、聚光灯、统一漫反射、统一球形四种，用于描述光源发射光线的方向，其效果如图6-17～图6-20所示。

图 6-17   图 6-18

图 6-19   图 6-20

2. "分布（光度学 Web）"卷展栏

当使用光域网分布创建或选择光度学灯光时，"修改"面板上将显示"分布（光度学文件）"卷展栏，使用这些参数选择光域网文件并调整web的方向，如图6-21所示。卷展栏中各选项的含义介绍如下。

- **Web图：** 在选择光度学文件之后，该缩略图将显示灯光分布图案的示意图，如图6-22所示。

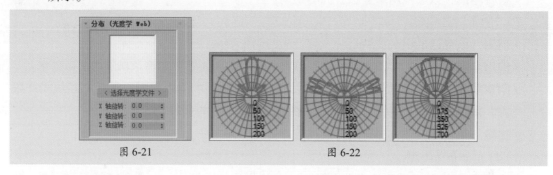

图 6-21   图 6-22

- **选择光度学文件：** 单击此按钮，可选择用作光度学Web的文件，该文件可采用IES、LTLI或CIBSE格式。一旦选择某一个文件后，该按钮上会显示文件名。

138

- **X轴旋转：**该微调框用来设置沿着X轴旋转光域网。
- **Y轴旋转：**该微调框用来设置沿着Y轴旋转光域网。
- **Z轴旋转：**该微调框用来设置沿着Z轴旋转光域网。

3. "强度/颜色/衰减"卷展栏

通过"强度/颜色/衰减"卷展栏，您可以设置灯光的颜色和强度。此外，用户还可以选择设置衰减极限，如图6-23所示。卷展栏中各选项的含义介绍如下。

- **灯光选项：**在此下拉列表框中选择常见灯光规范，使之近似于灯光的光谱特征。默认为D65 Illuminant基准白色。
- **开尔文：**选中此单选按钮，可以通过调整色温微调框中的数值设置灯光的颜色。
- **过滤颜色：**通过此选项可以使用颜色过滤器模拟置于光源上的过滤色的效果。
- **强度：**使用此选项组，可以在物理数量的基础上指定光度学灯光的强度或亮度。
- **结果强度：**此选项用于显示暗淡所产生的强度，并使用与强度组相同的单位。

图 6-23

- **暗淡百分比：**选中该复选框后，其后微调框中的数值会指定用于降低灯光强度的倍增。如果数值为100%，则灯光具有最大强度；百分比较低时，则灯光较暗。
- **远距衰减：**用户可以在此选项组中设置光度学灯光的衰减范围。
- **使用：**选中该复选框，可以启用灯光的远距衰减。
- **开始：**该微调框用来设置灯光开始淡出的距离。
- **显示：**选中该复选框，可以在视口中显示远距衰减范围设置。
- **结束：**该微调框用来设置灯光减为0的距离。

4. "图形/区域阴影"卷展栏

通过"图形/区域阴影"卷展栏，用户可以选择用于生成阴影的灯光图形，参数面板如图6-24所示。

下面对卷展栏中的参数进行详细介绍。

- **从（图形）发射光线：**在此下拉列表框中选择阴影生成的图形类型，包括"点光源""线""矩形""圆形""球体""圆柱体"六种类型。选择除"点光源"类型外的任意类型，都会有相应的参数设置，如长度、宽度、半径等。

图 6-24

- **灯光图形在渲染中可见：**选中该复选框后，如果灯光对象位于视野之内，那么灯光图形在渲染中会显示为自供照明（发光）的图形。

6.3.2 标准灯光参数

标准灯光的参数面板大致相同，主要包括"常规参数"卷展栏、"强度/颜色/衰减"卷展栏、"聚光灯参数"卷展栏、"平行光参数"卷展栏、"高级效果"卷展栏和"阴影参数"卷展栏。下面对常用卷展栏中的一些参数进行详细介绍。

1. "常规参数"卷展栏

该卷展栏主要控制标准灯光的开启与关闭以及阴影的控制，如图6-25所示为参数卷展栏，其中各选项的含义介绍如下。

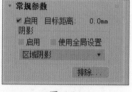

图 6-25

- **启用：** 该复选框用来控制是否开启灯光。
- **目标距离：** 从光源位置到其目标点之间的直线距离。这个参数决定了光源的照射方向以及光线衰减的起始点。
- **启用（阴影）：** 该复选框用来控制是否开启灯光阴影。
- **使用全局设置：** 如果选中该复选框后，该灯光投射的阴影将影响整个场景的阴影效果；如果关闭该选项，则必须选择渲染器使用哪种方式来生成特定的灯光阴影。
- **阴影类型：** 在下拉列表框用来选择阴影类型可以得到不同的阴影效果。
- **排除：** 单击该按钮将选定的对象排除于灯光效果之外。

2. "强度 / 颜色 / 衰减"卷展栏

在标准灯光的"强度/颜色/衰减"卷展栏中，可以对灯光最基本的属性进行设置，如图6-26所示为参数卷展栏，其中各选项的含义介绍如下。

图 6-26

- **倍增：** 使用该微调框可以将灯光功率放大一个正或负的量。
- **颜色：** 单击色块，可以设置灯光发射光线的颜色。
- **衰退：** 该选项组用来设置灯光衰退的类型和起始距离。
- **类型：** 此下拉列表框用来指定灯光的衰退方式。
- **开始：** 此微调框用来设置灯光开始衰退的距离。
- **显示：** 选中此复选框，将在视口中显示灯光衰退的效果。
- **近距衰减：** 该选择项组中提供了控制灯光强度淡入的参数。
- **远距衰减：** 该选择项组中提供了控制灯光强度淡出的参数。

注意事项

灯光衰减时，距离灯光较近的对象可能过亮，距离灯光较远的对象表面可能过暗。这种情况可以通过不同的曝光方式解决。

3. "聚光灯参数"卷展栏、"平行光参数"卷展栏

聚光灯和平行光比泛光灯多出一个专有的参数面板，除了名称不同，面板内的参数是一致的，如图6-27、图6-28所示。

其参数卷展栏主要控制灯光的聚光区及衰减区，其中各选项的含义介绍如下。

- **显示光锥：** 该复选框用来启用或禁用圆锥体的显示。

- **泛光化**：选中该复选框后，灯光在所有方向上有泛灯光。但是投影和阴影只发生在其衰减圆锥体内。
- **聚光区/光束**：该微调框用来调整灯光圆锥体的角度。
- **衰减区/区域**：该微调框用来调整灯光衰减区的角度。
- **圆、矩形**：这两个单选按钮用来确定聚光区和衰减区的形状。如果想要一个标准圆形的灯光，应选择圆；如果想要一个矩形的光束（如灯光通过窗户或门投影），应选择矩形。
- **纵横比**：该微调框用来设置矩形光束的纵横比。
- **位图拟合**：如果灯光的投影纵横比为矩形，应该设置纵横比以匹配特定的位图。当灯光用作投影灯时，该按钮非常有用。

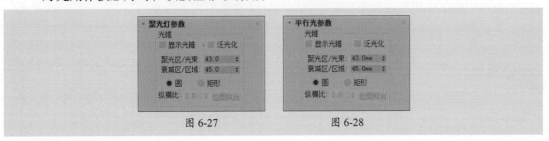

图 6-27   图 6-28

6.3.3 光域网

光域网是灯光的一种物理性质，确定光在空气中发散的方式。不同的灯光在空气中的发散方式是不一样的，比如手电筒，它会发出一个光束。还有壁灯、台灯等，它们发散出的光又是另外一种形状。

在3ds Max中，也可以将光域网理解为灯光贴图。如果给灯光指定一个光域网文件，就可以产生与现实生活相同的发散效果，使场景渲染出的灯光效果更真实，层次更明显，效果更好，如图6-29所示。

使用光域网的前提是灯光分布（类型）为"光度学Web"，在"分布（光度学Web）"卷展栏中单击"选择光度学文件"按钮，会打开"打开光域Web文件"对话框，从中选择合适的光域网文件即可，如图6-30所示。

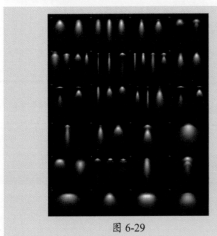

图 6-29   图 6-30

6.3.4 阴影设置

3ds Max自带的灯光类型基本上都具有相同的阴影参数，通过设置阴影参数，可以使对象投影产生密度不同或颜色不同的阴影效果，如图6-31所示。各参数选项的含义介绍如下。

- **颜色**：单击该色块，可以设置灯光投射的阴影颜色，默认为黑色。
- **密度**：该微调框用来控制阴影的密度，数值越小阴影越淡。
- **贴图**：选中此复选框，使用贴图可以应用各种程序贴图与阴影颜色进行混合，产生更复杂的阴影效果。
- **灯光影响阴影颜色**：选中此复选框，灯光颜色将与阴影颜色混合在一起。
- **大气阴影**：应用该选项组中的参数，可以使场景中的大气效果也产生投影，并能控制投影的不透明度和颜色量。

图 6-31

操作提示

当泛光灯应用光线跟踪阴影时，渲染速度比聚光灯要慢，但渲染效果一致，在场景中应尽量避免这种情况。

对于标准灯光和光度学灯光中的所有类型的灯光，除了可以设置灯光颜色、强度等参数外，还可以选择不同的阴影类型。下面介绍较为常用的几种。

1. 阴影贴图

阴影贴图是最常用的阴影生成方式，它能产生柔和的阴影，且渲染速度快，其阴影效果如图6-32所示。阴影贴图的不足之处是会占用大量的内存，并且不支持使用透明度或不透明度贴图的对象。使用阴影贴图，灯光参数面板中会出现如图6-33所示的参数面板。

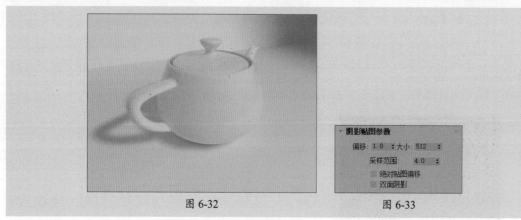

图 6-32   图 6-33

其卷展栏中各选项的含义及功能介绍如下。

- **偏移**：该微调框用来设置位图偏移面向或背离阴影投射对象移动阴影。
- **大小**：该微调框用来设置用于计算灯光的阴影贴图大小。
- **采样范围**：该微调框可以决定阴影内平均有多少区域，影响柔和阴影边缘的程度。范围为0.01～50.0。

- **绝对贴图偏移**：选中该复选框，阴影贴图的偏移未标准化，以绝对方式计算阴影贴图偏移量。
- **双面阴影**：选中该复选框，计算阴影时背面将不被忽略。

②.区域阴影

现实中的阴影随着距离的增加边缘会越来越模糊，区域阴影就可以得到这种效果，如图6-34所示。该阴影类型的缺点是渲染速度慢，动画中的每一帧都需要重新处理。使用"区域阴影"后，会出现相应的参数卷展栏，在卷展栏中可以选择产生阴影的灯光类型并设置阴影参数，如图6-35所示。

图 6-34

图 6-35

其中，卷展栏中各选项的含义介绍如下。

- **基本选项**：在该选项组中可以选择生成区域阴影的方式，包括简单、矩形灯、圆形灯、长方体形灯、球形灯等多种方式。
- **阴影完整性**：该微调框用来设置在初始光束投射中的光线数。
- **阴影质量**：该微调框用来设置在半影（柔化区域）区域中投射的光线总数。
- **采样扩散**：该微调框用来设置模糊抗锯齿边缘的半径。
- **阴影偏移**：该微调框用来控制阴影和物体之间的偏移距离。
- **抖动量**：该微调框用来向光线位置添加随机性。
- **区域灯光尺寸**：该选项组提供尺寸参数来计算区域阴影，该组参数并不影响实际的灯光对象。

③. VRay 阴影

在室内外场景的渲染过程中，通常是将3ds Max的灯光设置为主光源，配合VRay阴影进行画面的制作，因为VRay阴影产生的模糊阴影的计算速度要比其他类型的阴影速度更快更逼真。

选择"VRay阴影"选项后，参数面板中会出现相应的卷展栏，如图6-36所示。

- **透明阴影**：当物体的阴影是由一个透明物体产生时，是否选中该复选框有很大影响。

图 6-36

- **偏移**：该微调框用来给顶点的光线追踪阴影偏移。
- **区域阴影**：该复选框用来设置打开或关闭面阴影。
- **长方体**：选中该单选按钮，假定光线是由一个长方体发出的。
- **球体**：选中该单选按钮，假定光线是由一个球体发出的。
- **细分**：该微调框用来设置细分。较高的细分值会使阴影更加光滑、无噪点。

6.4　VRay光源系统

VRay光源系统包含VRay灯光、VRayIES、VRay环境光和VRay太阳光这四种类型，在"灯光"面板中选择VRay类型即可，如图6-37所示。VRay光源可以模拟出任何灯光环境，以产生真实且逼真的渲染效果。

图 6-37

案例解析：为卧室台灯创建灯光效果

本案例利用VRay球体灯光来模拟台灯光源效果，具体操作步骤介绍如下。

步骤 01 打开"台灯"场景素材文件。渲染摄影机视角，当前的场景中没有室内光源，如图6-38所示。

步骤 02 在VRay灯光创建面板中单击"VRay灯光"按钮，然后在视口中创建一盏VRay灯光，在"常规"卷展栏中设置灯光类型为球体，光源半径为30.0mm，在"选项"卷展栏中选中"不可见"复选框，取消选中"影响反射"复选框，再将灯光对象移动至台灯灯罩位置，如图6-39所示。

图 6-38

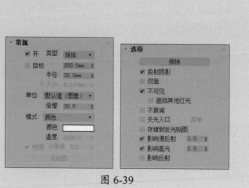

图 6-39

步骤 03 渲染场景，可以看到台灯发出了浅浅的光线，如图6-40所示。

步骤 04 在"常规"卷展栏中设置光源倍增为200.0，光源模式为温度，再设置温度值，如图6-41所示。

步骤 05 设置好后，在此渲染场景，最终的台灯光源效果如图6-42所示。

图 6-40　　　　　图 6-41　　　　　图 6-42

6.4.1　VRay灯光

　　VRay灯光是VRay渲染器
自带的灯光之一，使用频率非
常高。默认的光源形状为具有
光源指向的矩形光源，其灯光
参数控制面板如图6-43所示。

　　上述参数面板中，各卷展
栏的常用选项含义介绍如下。

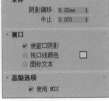

图 6-43

1."常规"卷展栏

- **开：**这是灯光的开关。选中此复选框，灯光才被开启。
- **类型：**在此下拉列表框中有五种灯光类型可以选择，分别是平面、穹顶、球体、网格以及圆盘。
- **长度、宽度：**在这两个微调框中设置面光源的长度和宽度。
- **单位：**在此下拉列表框中可选择VRay的默认值（图像），以灯光的亮度和颜色来控制灯光的光照强度。
- **倍增：**此微调框用来控制光照的强弱。如图6-44、图6-45所示分别是不同倍增值的效果。

图 6-44　　　　　　　　　图 6-45

145

- **颜色**：此选项用来设置光源发光的颜色。
- **纹理**：该复选框用来控制是否使用纹理贴图作为半球光源。

2. "选项"卷展栏

- **排除**：该按钮用来排除灯光对物体的影响。
- **投射阴影**：该复选框用来控制是否对物体的光照产生阴影。
- **双面**：该复选框用来控制是否在面光源的两面都产生灯光效果。
- **不可见**：该复选框用来控制是否在渲染的时候显示VRay灯光的形状，如图6-46、图6-47所示分别为灯光可见和灯光不可见的效果。

图 6-46   图 6-47

- **不衰减**：选中该复选框，灯光强度将不随距离而减弱。
- **天光入口**：选中该复选框，将把VRay灯光转化为天光。
- **存储发光贴图**：选中该复选框，同时为发光贴图命名并指定路径，这样VRay灯光的光照信息将保存。在渲染光子时会很慢，但最后可直接调用发光贴图，减少渲染时间。
- **影响漫反射**：该复选框用来控制灯光是否影响材质属性的漫反射。
- **影响高光**：该复选框用来控制灯光是否影响材质属性的高光。
- **影响反射**：该复选框用来控制灯光是否影响材质属性的反射。

3. "采样"卷展栏

- **阴影偏移**：该微调框用来控制物体与阴影偏移距离。
- **中止**：该微调框用来控制灯光中止的数值，一般情况下不用修改该参数。

6.4.2　VRayIES（VRay光域网）

VrayIES是VRay渲染器提供用于添加IES光域网的文件的光源。选择了光域网文件（*.IES），那么在渲染过程中光源的照明就会按照选择的光域网文件中的信息来表现，就可以做出普通照明无法做到的散射、多层反射、日光灯等效果。

"VRay光域网参数"卷展栏如图6-48、图6-49所示，其中参数含义与VRay灯光和VRay太阳光类似。

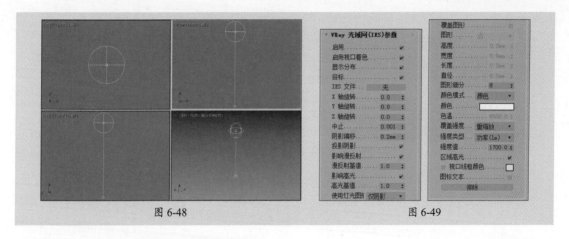

图 6-48   图 6-49

参数卷展栏中常用选项的含义介绍如下。

● **启用：**此复选框用于控制是否开启灯光。

● **IES文件：**此选项用来设置载入光域网文件的通道。

● **图形细分：**该微调框用来控制阴影的质量。

● **颜色：**此选项用来控制灯光产生的颜色。

● **强度值：**该微调框用来控制灯光的照射强度。

6.4.3　VRay太阳光

VRay太阳光是VRay渲染器用于模拟太阳光的，它通常和VRay天空配合使用，如图6-50所示。其卷展栏如图6-51所示。

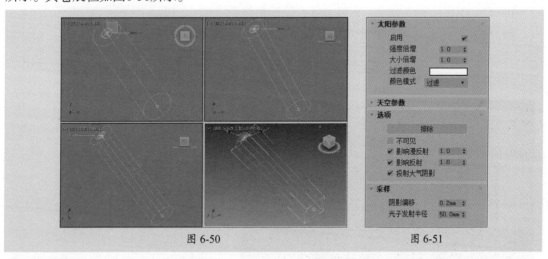

图 6-50   图 6-51

参数卷展栏中常用选项的含义介绍如下。

● **启用：**此复选框用来控制阳光的开光。

● **强度倍增：**此微调框用来控制阳光的强度。数值越大灯光越亮，数值越小灯光越暗。

● **大小倍增：**此微调框用来控制太阳的大小，主要表现在控制投影的模糊程度。数值越大太阳越大，产生的阴影越虚。

● **过滤颜色：**此选项用来自定义太阳光的颜色。

- **排除**：单击此按钮，将物体排除于阳光照射范围之外。
- **不可见**：该复选框用来控制在渲染时是否显示VRay阳光的形状。
- **影响漫反射**：选中该复选框，太阳光会参与塑造物体的表面颜色，使其看起来更加真实和立体。
- **影响反射**：选中该复选框，当太阳光照射到这些物体上时，可以影响这些物体表面的反射效果，有助于增强场景的真实感和立体感。
- **阴影偏移**：该微调框用来控制物体与阴影偏移距离，较大的数值会使阴影向灯光的方向偏移。如果该数值为1.0，阴影无偏移；如果该数值大于1.0，阴影远离投影对象；如果该数值小于1.0，阴影靠近投影对象。

操作提示

在"天空参数"卷展栏中的选项主要用于模拟和控制天空的外观和光照效果。其中"臭氧"选项是决定臭氧层的厚度，它可以影响阳光和天空的颜色，数值越大，阳光颜色就越淡。"浊度"是控制空气的浑浊度，数值越大，阳光越暖。

课堂实战 亮化客厅场景

本案例将结合本章所学的灯光知识，为客厅创建室外和室内光源效果，以此亮化客厅场景。主要运用到的命令有：VRay灯光、VRayIES光源等。具体操作如下。

步骤 01 打开"客厅场景"素材文件，渲染摄影机视图，当前光源效果如图6-52所示。

步骤 02 在VRay光源面板中单击VRay灯光按钮，在前视图创建一盏平面光源，设置灯光尺寸、倍增、颜色（红:102, 绿:174, 蓝:255）等参数，再移动光源至窗外，用于模拟天光，如图6-53所示。

图 6-52　　　　　　　　　　　　　　　　　图 6-53

步骤 03 VRay灯光位置如图6-54所示。

步骤 04 渲染摄影机视图，效果如图6-55所示。

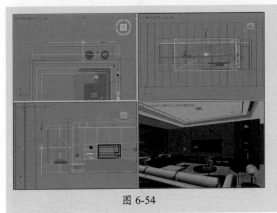

图 6-54   图 6-55

步骤 05 在前视图中按住Shift键复制天光光源，并重新调整对象倍增值和颜色（红:255，绿:185, 蓝:75），如图6-56所示。

步骤 06 再渲染摄影机视图，天光效果如图6-57所示。

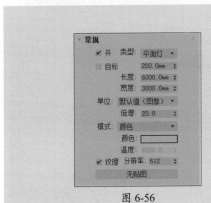

图 6-56   图 6-57

步骤 07 单击VRay灯光按钮，在顶视图创建平面光源，并调整位置至置物架处，如图6-58所示。

步骤 08 设置光源尺寸、倍增值和颜色（红:255, 绿:185, 蓝:75），如图6-59所示。

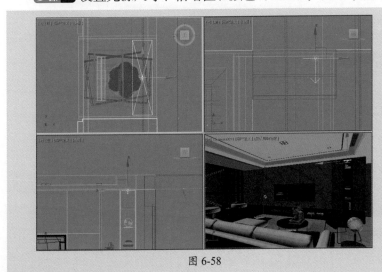

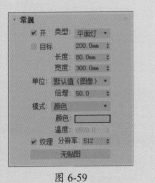

图 6-58   图 6-59

步骤 09 在左视图中向下实例复制光源对象，并调整位置，如图6-60所示。

步骤 10 渲染摄影机视图，效果如图6-61所示。

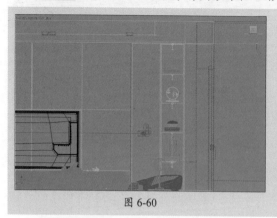
图 6-60

图 6-61

步骤 11 复制光源，并调整尺寸及位置，其余参数不变，如图6-62所示。

步骤 12 渲染摄影机视图，效果如图6-63所示。

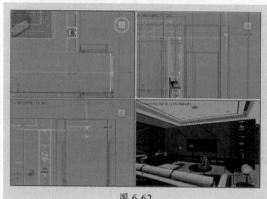
图 6-62

图 6-63

步骤 13 继续复制灯带光源，重新设置光源尺寸、倍增值，并调整位置，旋转角度，如图6-64所示。

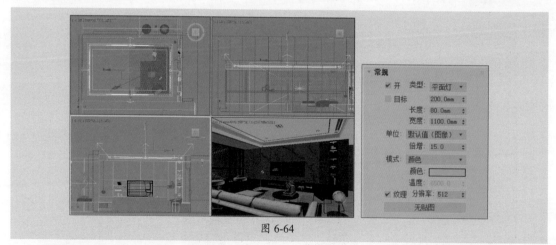
图 6-64

步骤 14 渲染摄影机视图，效果如图6-65所示。

步骤15 继续单击VRay灯光按钮，创建一盏VRay球体光源，移动至吊灯灯罩内，如图6-66所示。

图 6-65

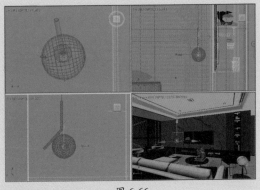

图 6-66

步骤16 在参数面板中设置球体光源半径、倍增值及颜色（红:255, 绿:178, 蓝:77），如图6-67所示。

步骤17 再复制光源对象至台灯灯罩内，渲染摄影机视口，效果如图6-68所示。

图 6-67

图 6-68

步骤18 在创建面板中单击VRayIES，在前视图创建光源，在参数面板中取消选中"目标"复选框，并调整至筒灯下方，如图6-69所示。

步骤19 为光源添加IES文件，再设置图形强度类型及强度值，如图6-70所示。

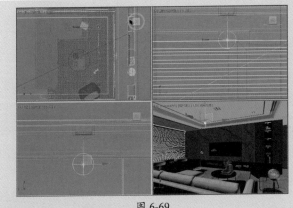

图 6-69

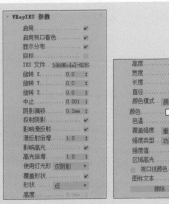

图 6-70

步骤 20 实例复制光源对象，如图6-71所示。

步骤 21 渲染摄影机视图，效果如图6-72所示。

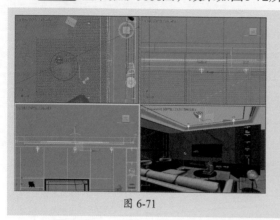

图 6-71 图 6-72

步骤 22 在顶视图中沙发区域创建一盏VRay平面光源作为补光，调整其位置，如图6-73所示。

步骤 23 在参数面板中设置光源尺寸及倍增值等参数，如图6-74所示。

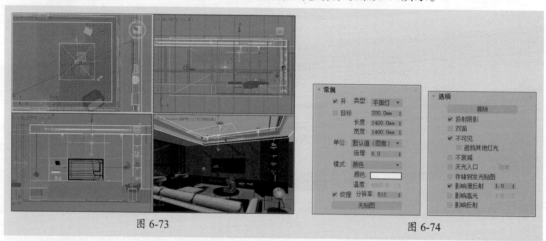

图 6-73 图 6-74

步骤 24 再次渲染摄影机视图，最终光源效果如图6-75所示。

图 6-75

课后练习 创建卫生间光照效果

本练习将利用VRay光源系统和光度学（光域网）系统来为卫生间创建光照效果，如图6-76所示。

图 6-76

1. 技术要点

步骤 01 利用VRay平面光模拟灯带光源和补光。

步骤 02 利用目标灯光模拟射灯光源。

2. 分步演示

创建卫生间光照效果的分步演示如图6-77所示。

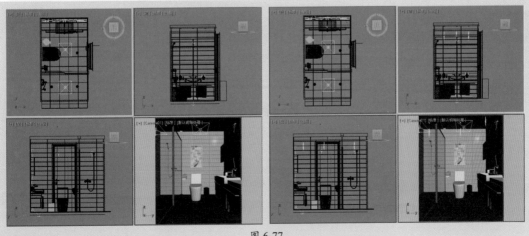

图 6-77

夕阳余晖，难以言喻的宁静美

傍晚阳光效果的表现通常带有一种温暖而浪漫的氛围。这种效果可以通过精确的光照设置和色彩调整来实现。

1. 色调与色彩

傍晚的阳光通常带有暖色调，整体画面会偏向橙黄色或金黄色。这种色调不仅模拟了夕阳的实际颜色，还传达出一种温馨、舒适的氛围。同时，随着太阳的逐渐落下，天空的色彩也会不断发生变化。从浅蓝到深蓝，再到紫红色，形成美丽的渐变效果。

2. 光线分布与阴影

傍晚时分，阳光斜射，会在物体表面形成长而深的阴影。这些阴影不仅增强了画面的立体感，还营造出一种神秘而浪漫的感觉。同时，由于太阳位置较低，光线会更多地照亮物体的底部和侧面，产生丰富的光影变化，如图6-78所示。

图 6-78

3. 环境光与反射

除了直接的阳光照射外，环境光也是一个重要的因素。这种光线来自天空和地面，对场景进行柔和的照明。此外，水面、玻璃等材质的表面会反射出夕阳的光辉，进一步增强傍晚阳光的效果。

第**7**章

摄影机与渲染器

── 内容导读 ──

　　本章将对摄影机创建以及渲染器设置的相关知识进行讲解。该阶段在场景创建过程中也很重要，它会影响到整个场景效果的呈现。不同相机角度，不同的渲染设置，呈现出的效果也不相同。

── 思维导图 ──

摄影机与渲染器

- 摄影机的基础知识
  - 认识摄影机
  - 摄影机的操作
- 摄影机的类型
  - 物理摄影机
  - 目标摄影机
  - 自由摄影机
- 渲染基础知识
  - 渲染器类型
  - 渲染工具
  - 渲染帧窗口
- VRay渲染器

7.1 摄影机的基础知识

3ds Max的摄影机不仅能固定画面角度，还可以设置特效和控制渲染效果。所以在模型创建过程中，摄影机起着关键的作用。下面将对3ds Max中的摄影机基础知识进行简单的介绍。

7.1.1 认识摄影机

真实世界中的摄影机是使用镜头将环境反射的灯光聚焦到具有灯光敏感性曲面的焦点平面上，3ds Max中摄影机的相关参数主要包括焦距和视野。

1. 焦距

焦距是指镜头和灯光敏感性曲面的焦点平面间的距离。焦距影响成像对象在图片上的清晰度。焦距越小，图片中包含的场景越多；焦距越大，图片中包含的场景越少，但会显示远距离成像对象的更多细节。

2. 视野

视野控制摄影机可见场景的数量，以水平线度数进行测量。视野与镜头的焦距直接相关，例如35mm的镜头显示水平线约为54°，焦距越大则视野越窄，焦距越小则视野越宽。

7.1.2 摄影机的操作

在3ds Max中，可以通过多种方法创建摄影机，并能够使用移动和旋转工具对摄影机进行移动和定向操作，同时应用备用的各种镜头参数来控制摄影机的观察范围和效果。

1. 摄影机的创建与变换

对摄影机进行移动操作时，通常针对目标摄影机，可以对摄影机和摄影机目标点分别进行移动。由于目标摄影机被约束指向其目标，无法沿着其自身的X和Y轴进行旋转，所以旋转操作主要针对自由摄影机。

2. 摄影机常用参数

摄影机的常用参数主要包括镜头的选择、视野的设置、大气范围和裁剪范围的控制等多个参数。

7.2 摄影机的类型

3ds Max提供了物理摄影机、目标摄影机和自由摄影机三种摄影机类型，其中目标摄影机较为常用。

案例解析：调整卧室渲染视角

本案例将利用目标摄影机的相关操作来对卧室视角进行调整。

步骤 **01** 打开"卧室场景"素材文件，切换到透视视图，按住Alt键，并按住鼠标中键，拖动鼠标，可调整透视视角，如图7-1所示。

步骤 **02** 在"标准"摄影机命令面板中单击"目标"按钮，为场景创建目标摄影机，调整摄影机的位置及角度，如图7-2所示。

图 7-1

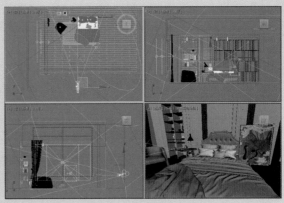

图 7-2

步骤 **03** 在"参数"面板中调整摄影机镜头及剪切平面，如图7-3所示。

步骤 **04** 激活透视视口，按快捷键C切换到摄影机视口，再次调整摄影机，如图7-4所示。

图 7-3

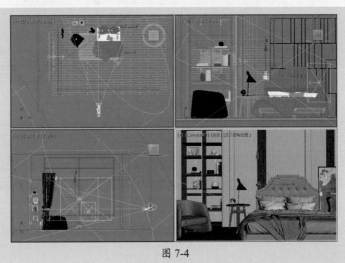

图 7-4

步骤 **05** 调整好后，渲染摄影机视图，效果如图7-5所示。

图 7-5

7.2.1 物理摄影机

物理摄影机可以模拟用户可能熟悉的真实摄影机设置，例如快门速度、光圈、景深和曝光。借助增强的控件和额外的视口内反馈，让创建逼真的图像和动画变得更加容易。

1. 基本参数

"基本"参数卷展栏如图7-6所示，下面将对各参数的含义进行介绍。

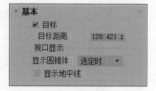

图 7-6

- **目标：** 选中该复选框后，摄影机包括目标对象，并与目标摄影机的行为相似。
- **目标距离：** 该微调框用来设置目标与焦平面之间的距离，会影响聚焦、景深等。
- **显示圆锥体：** 在此下拉列表框中设置在显示摄影机圆锥体时选择的选项，如"选定时""始终""从不"。
- **显示地平线：** 选中该复选框后，地平线在摄影机视口中显示为水平线（假设摄影机帧包括地平线）。

2. 物理摄影机参数

"物理摄影机"参数卷展栏如图7-7所示，下面将对常用参数的含义进行介绍。

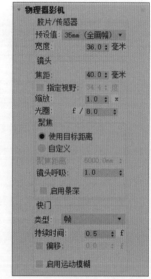

图 7-7

- **预设值：** 在此下拉列表框中选择胶片模型或电荷耦合传感器。选项包括35mm（全画幅）胶片（默认设置），以及多种行业标准传奇设置。每个设置都有其默认宽度值。"自定义"选项用于选择任意宽度。
- **宽度：** 在该微调框中可以手动调整帧的宽度。
- **焦距：** 该微调框用来设置镜头的焦距，默认值为40.0毫米。
- **指定视野：** 选中该复选框时，可以设置新的视野值。默认的视野值取决于所选的胶片/传感器预设值。
- **缩放：** 该微调框用来设置在不更改摄影机位置的情况下缩放镜头。
- **光圈：** 在该微调框中将光圈设置为光圈数，或"f制光圈"。此值将影响曝光和景深。光圈数值越小，光圈越大并且景深越窄。
- **镜头呼吸：** 在该微调框中将镜头向焦距方向移动或远离焦距方向来调整视野。镜头呼吸数值为0.0表示禁用此效果。默认值为1.0。
- **启用景深：** 选中该复选框时，摄影机在不等于焦距的距离上生成模糊效果。景深效果的强度基于光圈设置。
- **类型：** 在此下拉列表框中选择测量快门速度使用的单位：帧（默认设置），通常用于计算机图形；分或秒，通常用于静态摄影；度，通常用于电影摄影。

- **偏移：** 选中该复选框时，指定相对于每帧的开始时间的快门打开时间，更改后面微调框中的数值会影响运动模糊效果。
- **启用运动模糊：** 选中该复选框后，摄影机可以生成运动模糊效果。

操作提示

物理摄影机的功能非常强大，物理摄影机作为3ds Max自带的目标摄影机而言，具有很多优秀的功能，比如焦距、光圈、白平衡、快门速度和曝光等，这些参数与单反相机是非常相似的，因此想要熟练地应用物理摄影机，可以适当学习一些单反相机的相关知识。

3. 曝光参数

"曝光"参数卷展栏如图7-8所示，下面将对主要参数的含义进行介绍。

- **曝光控制已安装：** 单击该按钮可以使物理摄影机曝光控制处于活动状态。
- **手动：** 选中该单选按钮，可以直接设置和调整曝光控制的参数，而不是依赖软件自动计算的曝光值。
- **目标：** 选中该单选按钮，可以设置与三个摄影曝光值的组合相对应的单个曝光值。每次增加或降低EV值，对应的也会分别减少或增加有效的曝光，因此，数值越大，生成的图像越暗；数值越小，生成的图像越亮。默认设置为6.0。

图 7-8

- **光源：** 选中该单选按钮，可以按照标准光源设置色彩平衡。
- **温度：** 选中该单选按钮，可以用色温形式设置色彩平衡，以开尔文度表示。
- **启用渐晕：** 选中此复选框时，渲染模拟出现在胶片平面边缘的变暗效果。

4. 散景（景深）参数

"散景（景深）"参数卷展栏如图7-9所示，下面将对主要参数的含义进行介绍。

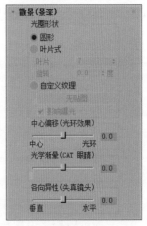

- **圆形：** 选中该单选按钮，散景效果基于圆形光圈。
- **叶片式：** 选中该单选按钮，散景效果使用带有边的光圈。使用"叶片"设置每个模糊圈的边数，使用"旋转"设置每个模糊圈旋转的角度。
- **自定义纹理：** 选中该单选按钮，使用贴图来用图案替换每种模糊圈。
- **中心偏移（光环效果）：** 使用此选项，可以使光圈透明度向中心（负值）或边（正值）偏移。正值会增加焦区域的模糊量，而负值会减小模糊量。
- **光学渐晕（CAT眼睛）：** 使用此选项，可以通过模拟猫眼效果使帧呈现渐晕效果。

图 7-9

7.2.2 目标摄影机

目标摄影机用于观察目标点附近的场景内容，它由摄影机、目标点两部分组成，可以很容易地单独进行控制调整，并分别设置动画。

1. 参数

摄影机的常用参数主要包括镜头的选择、视野的设置、大气范围和裁剪范围的控制等多个参数，主要集中在"参数"卷展栏下，如图7-10所示。下面对常用选项的含义进行介绍。

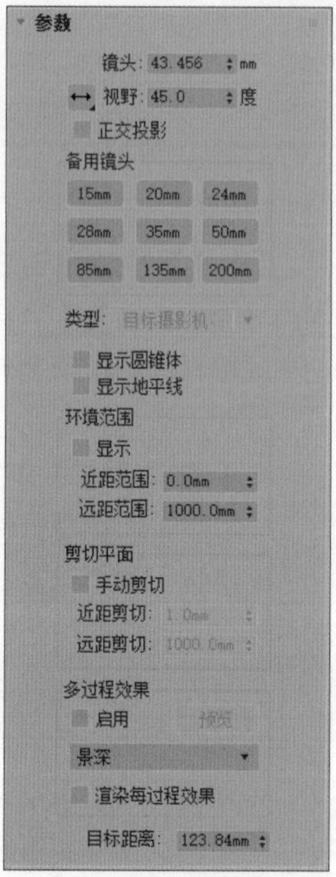

- **镜头**：在该微调框中以毫米为单位设置摄影机的焦距。
- **视野**：该微调框用于决定摄影机查看区域的宽度，可以通过水平、垂直或对角线三种方式测量应用。
- **备用镜头**：该选项组中提供了九种常用的预置镜头。
- **类型**：该下拉列表框用来切换摄影机的类型，包含目标摄影机和自由摄影机两种。
- **显示圆锥体**：选中该复选框，显示摄影机视野定义的锥形光线。
- **显示地平线**：选中该复选框，在摄影机中的地平线上显示一条深灰色的线条。
- **显示**：选中该复选框，显示出在摄影机锥形光线内的矩形。
- **近距范围、远距范围（环境范围）**：这两个微调框用来设置大气效果的近距范围和远距范围。
- **手动剪切**：选中该复选框可以定义剪切的平面。
- **近距剪切、远距剪切（剪切平面）**：这两个微调框来设置近距和远距平面。
- **目标距离**：当使用目标摄影机时，使用该微调框设置摄影机与其目标之间的距离。

图 7-10

2. 景深参数

景深是多重过滤效果，通过模糊到摄影机焦点某距离处帧的区域，使图像焦点之外的区域产生模糊效果。景深的启用和控制，主要在"景深参数"卷展栏中进行设置，如图7-11所示。

下面对主要参数的含义进行介绍。

- **使用目标距离**：选中该复选框后，系统会将摄影机的目标距离用作每个过程偏移摄影机的点。
- **焦点深度**：当取消选中"使用目标距离"复选框时，该选项可以用来设置摄影机的偏移深度。
- **显示过程**：选中该复选框后，"渲染帧窗口"对话框中将显示多个渲染通道。
- **使用初始位置**：选中该复选框后，第一个渲染过程将位于摄影机的初始位置。

图 7-11

- **过程总数**：该微调框用来设置生成景深效果的过程数。增大该数值可以提高效果的真实度，但是会增加渲染时间。
- **采样半径**：该微调框用来设置模糊半径。数值越大，模糊越明显。
- **采样偏移**：该微调框用来设置模糊靠近或远离"采样半径"的权重。增加该数值将增加景深模糊的数量级，从而得到更加均匀的景深效果。
- **规格化权重**：选中该复选框后可以产生平滑的效果。
- **抖动强度**：该微调框用来设置应用于渲染通道的抖动程度。
- **平铺大小**：该微调框用来设置图案的大小。
- **禁用过滤**：选中该复选框后，系统将禁用过滤的整个过程。
- **禁用抗锯齿**：选中该复选框后，可以禁用抗锯齿功能。

7.2.3　自由摄影机

　　自由摄影机在摄影机指向的方向查看区域，与目标摄影机非常相似，不同的是自由摄影机比目标摄影机少了一个目标点，自由摄影机由单个图标表示，可以更轻松地设置摄影机动画。其参数卷展栏与目标摄影机基本相同，这里便不再赘述。

操作提示

　　如果场景中只有一台摄影机时，按快捷键C，视图将会自动转换为摄影机视图；如果场景中有多台摄影机，在未选择任何摄影机的情况下按快捷键C，系统将会弹出"选择摄影机"对话框，用户从中选择需要的摄影机即可，如图7-12所示。

图 7-12

7.3　渲染基础知识

　　渲染是模型创建的最后一步，也是比较关键的一步。模型材质、灯光设置得是否合适都要通过渲染才能知晓。所以学会渲染的基础操作很有必要。

案例解析：输出卧室效果图

　　本案例将利用"渲染帧窗口"面板来对卧室效果图进行输出操作。

　　步骤 01 打开"卧室场景"素材文件，激活摄影机视口，按功能键F9渲染场景，如图7-13所示。

步骤 02 单击渲染帧窗口左上方的"保存"按钮，会弹出"保存图像"对话框，指定存储路径，选择保存类型为"PNG图像文件(*.png)"，再输入文件名，如图7-14所示。

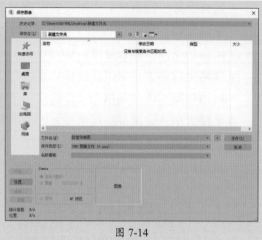

图 7-13   图 7-14

步骤 03 单击"保存"按钮，系统会弹出"PNG配置"对话框，这里保持默认选项，单击"确定"按钮，即可保存渲染效果，效果如图7-15所示。

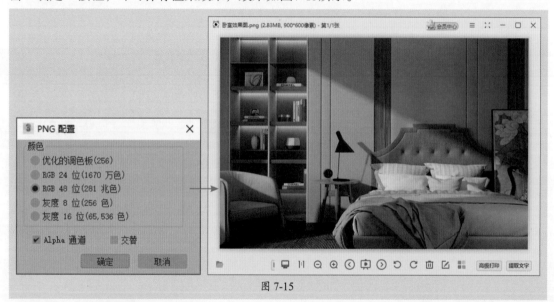

图 7-15

7.3.1 渲染器的类型

渲染器的类型很多，3ds Max自带了多种渲染器，分别是 Arnold渲染器、ART渲染器、Qui cksilver硬件渲染器、VUE文件渲染器、扫描线渲染器。此外，用户还可以使用外置的渲染器插件，比如VRay渲染器等，如图7-16所示。下面对各渲染器的含义进行介绍。

图 7-16

1. Arnold

Arnold渲染器是电影动画渲染用的，渲染起来比较慢，但品质高。

2. ART 渲染器

ART渲染器可以为任意的三维空间工程提供真实的基于硬件的灯光现实仿真技术，各部分独立，互不影响，实时预览功能强大，支持尺寸和dpi格式。

3. Quicksilver 硬件渲染器

Quicksilver硬件渲染器使用图形硬件生成渲染。Quicksilver硬件渲染器的一个优点是它的速度。默认设置提供快速渲染。

4. VUE 文件渲染器

VUE文件渲染器可以创建VUE(.vue)文件。VUE文件使用可编辑ASCII格式。

5. 扫描线渲染器

扫描线渲染器是默认的渲染器，默认情况下，通过"渲染场景"对话框或者Video Post渲染场景时，可以使用扫描线渲染器。扫描线渲染器是一种多功能渲染器，可以将场景渲染为从上到下生成的一系列扫描线。默认扫描线渲染器的渲染速度是最快的，但是真实度一般。

6. VRay 渲染器

VRay渲染器是渲染效果相对比较优质的渲染器，也是制作效果图时较为常用的渲染器。

7.3.2　渲染工具

3ds Max的主工具栏中提供了多个渲染工具，以便于用于设置渲染参数、渲染场景并观察渲染效果，如图7-17所示。

图 7-17

- **渲染设置** ：单击该按钮可以打开"渲染设置"对话框，基本所有的渲染参数都在该对话框中完成设置。
- **渲染帧窗口** ：单击该按钮可以打开"渲染帧窗口"对话框，显示最近的渲染效果。在该对话框中可以选择渲染区域、切换通道和储存渲染图像等任务。
- **渲染产品** ：单击该按钮可以使用当前的产品级渲染设置来渲染场景。

7.3.3　渲染帧窗口

在3ds Max中进行渲染，都是通过"渲染帧窗口"来查看和编辑渲染结果的。要渲染的区域设置也在"渲染帧窗口"中，如图7-18所示。下面介绍较为常用的一些功能按钮。

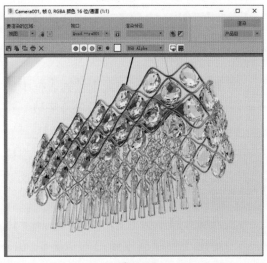

图 7-18

- **保存图像 🖫**：单击该按钮，可保存在渲染帧窗口中显示的渲染图像。
- **复制图像 🖺**：单击该按钮，可将渲染图像复制到系统后台的剪切板中。
- **克隆渲染帧窗口 🖻**：单击该按钮，将创建另一个包含显示图像的渲染帧窗口。
- **打印图像 🖨**：单击该按钮，可调用系统打印机打印当前渲染图像。
- **清除 ✕**：单击该按钮，可将渲染图像从渲染帧窗口中删除。
- **颜色通道**：可控制红、绿、蓝以及单色和灰色等颜色通道的显示。
- **切换UI叠加 🔳**：激活该按钮后，当使用渲染范围类型时，可以在渲染帧窗口中渲染范围框。
- **切换UI 🔲**：激活该按钮后，将显示渲染的类型、视口的选择等功能面板。
- **编辑区域 🖑**：激活该按钮后，可以在窗口中选择要渲染的局部区域。

7.4 VRay渲染器

VRay渲染器是一款业界很受欢迎的渲染引擎。它基于VRay内核，为不同领域的优秀建模软件，如3ds Max、Maya、Sketchup、Rhino等，提供了高质量的图片和动画渲染。

VRay渲染器能够帮助用户完成照片级别的渲染图像，此外，它的渲染速度和较高的渲染质量都受到业内人士的一致好评。

使用VRay渲染器进行渲染之前，需要对渲染参数进行进一步的设置，才能更好地表现场景效果。下面介绍较为常用的参数面板。

1. 公用参数

"公用参数"卷展栏用于设置所有渲染输出的公用参数。其参数面板如图7-19所示。下面介绍该卷展栏中常用参数的含义。

- **时间输出**：在该选项组中选择要渲染的时间段，可以是单个帧，也可以是一段时间。
- **要渲染的区域**：在此下拉列表框中的选项分为视图、选定对象、区域、裁剪、放大五种。
- **输出大小**：在此下拉列表中可以选择几个标准的电影和视频分辨率以及纵横比。
- **光圈宽度（毫米）**：该微调框用来指定用于创建渲染输出的摄影机光圈宽度。

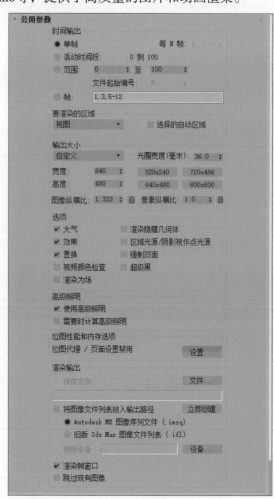

图 7-19

- **宽度、高度**：这两个微调框用来以像素为单位指定图像的宽度和高度，也可直接选择预设尺寸。
- **图像纵横比**：该微调框用来设置图像的纵横比。
- **像素纵横比**：该微调框用来设置显示在其他设备上的像素纵横比。
- **大气、效果**：选中这两个复选框后，可以渲染任何应用的大气效果和渲染效果，如体积雾、模糊效果。
- **置换**：选中该复选框，渲染任何应用的置换贴图。
- **渲染为场**：选中该复选框，为视频创建动画时，将视频渲染为场，而不是渲染为帧。
- **渲染隐藏几何体**：选中该复选框，渲染场景中所有的几何体对象，包括隐藏的对象。
- **保存文件**：选中此复选框后，进行渲染时3ds Max会将渲染后的图像或动画保存到磁盘里。
- **将图像文件列表放入输出路径**：选中此复选框可创建图像序列文件，并将其保存。
- **渲染帧窗口**：选中该复选框，在渲染帧窗口中显示渲染输出。
- **跳过现有图像**：选中此复选框且选中"保存文件"复选框后，渲染器将跳过序列中已渲染到磁盘中的图像。

2. **帧缓存区**

"帧缓存区"卷展栏下的参数可以代替3ds Max自身的帧缓冲窗口。这里可以设置渲染图像的大小，以及保存渲染图像等，其参数设置面板如图7-20所示。下面介绍该卷展栏中常用参数的含义。

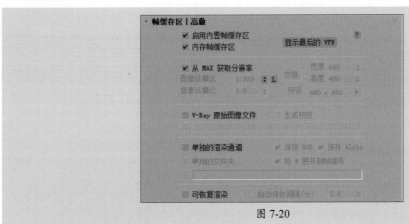

图 7-20

- **启用内置帧缓存区**：选中该复选框后，可以使用VRay自身的渲染窗口。
- **内存帧缓存区**：当选中该复选框时，可将图像渲染到内存，再由帧缓存区窗口显示出来，可以方便用户观察渲染过程。
- **从MAX获取分辨率**：当选中该复选框时，将从3ds Max的渲染设置对话框的公用选项卡的"输出大小"选项组中获取渲染尺寸。
- **图像纵横比**：该微调框用来控制渲染图像的长宽比例。
- **宽度、高度**：这两个微调框分别用来设置像素的宽度、高度。

- **VRay原始图像文件：**该复选框用来控制是否将渲染后的文件保存到所指定的路径中。
- **可恢复渲染：**选中该复选框后，如果中途停止了渲染，但没有关闭软件或切换打开其他场景文件，也可继续进行渲染。

3. 全局开关

"全局开关"卷展栏下的参数主要用来对场景中的灯光、材质、置换等进行全局设置，比如是否使用默认灯光、是否开启阴影、是否开启模糊等。"全局开关"卷展栏中分为基本模式、高级模式和专家模式三种，而专家模式的面板参数是最全面的，如图7-21所示。下面介绍该卷展栏中常用参数的含义。

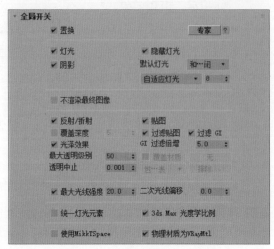

图 7-21

- **置换：**该复选框用来控制是否开启场景中的置换效果。
- **灯光：**该复选框用来控制是否开启场景中的光照效果。当取消选中该复选框时，场景中放置的灯光将不起作用。
- **隐藏灯光：**该复选框用来控制场景是否让隐藏的灯光产生光照。这个复选框对于调节场景中的光照非常方便。
- **阴影：**该复选框用来控制场景是否产生阴影。
- **默认灯光：**此下拉列表框用来设置在关闭灯光的情况下，可以控制默认灯光的开关。
- **灯光采样：**此下拉列表框用来控制多灯场景的灯光采样策略，包括全光求值、灯光树和自适应灯光三种。
- **不渲染最终图像：**该复选框用来控制是否渲染最终图像。
- **反射/折射：**该复选框用来控制是否开启场景中的材质的反射和折射效果。
- **覆盖深度：**该选项组用来控制整个场景中的反射、折射的最大深度，后面的输入框数值表示反射、折射的次数。
- **光泽效果：**该复选框用来控制是否开启反射或折射模糊效果。
- **贴图：**该复选框用来控制是否让场景中的物体的程序贴图和纹理贴图渲染出来。
- **最大透明级别：**该微调框用来控制透明材质被光线追踪的最大深度。数值越大，被光线追踪的深度越深，效果越好，但渲染速度会变慢。
- **覆盖材质：**当在后面的通道中设置了一个材质后，那么场景中所有的物体都将使用该材质进行渲染，这在测试阳光的方向时，该复选框非常有用。

4. 图像采样器（抗锯齿）

抗锯齿在渲染设置中是一个必须调整的参数，其数值的大小决定了图像的渲染精度和渲染时间，但抗锯齿与全局照明精度的高低没有关系，只作用于场景物体的图像和物体的边缘精度，其参数设置面板如图7-22所示。

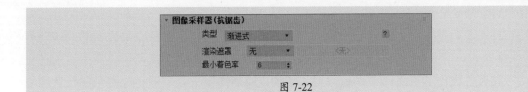

图 7-22

下面介绍该卷展栏中常用参数的含义。

● **类型：** 该下拉列表框用来设置图像采样器的类型，包括渐进式和渲染块两种。当选择"渐进式"采样器，下方会出现"渐进式图像采样器"卷展栏，提供相关设置参数，如图7-23所示。当选择"渲染块"采样器，则会出现"渲染块图像采样器"卷展栏，如图7-24所示。

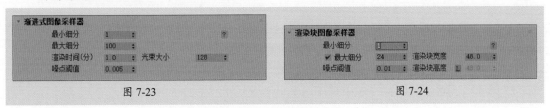

图 7-23   图 7-24

● **渲染遮罩：** 该下拉列表框用来启用渲染蒙版功能。
● **最小着色率：** 此微调框中的数值只影响三射线，提高最小着色率可以增加阴影、折射模糊、反射模糊的精度。推荐使用数值1～6。

5. 图像过滤器

在该卷展栏中可以对抗锯齿的过滤方式进行选择，VRay渲染器提供了多种抗锯齿过滤器，主要针对贴图纹理或图像边缘进行平滑处理，选择不同的过滤器就会显示该过滤器的相关参数及过滤效果，如图7-25所示。

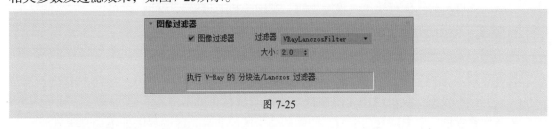

图 7-25

下面介绍该卷展栏中常用参数的含义。

● **图像过滤器：** 选中该复选框时可开启子像素过滤。在测试渲染阶段，建议取消选中该复选框以加快渲染速度。
● **过滤器：** 该下拉列表框中提供了17种过滤器类型，包括区域、清晰四方形、Catmull-Rom、图版匹配/MAX R2、四方形、立方体、视频、柔化、Cook变量、混合、Blackman、Mitchell-Netravali、VRayLanczosFilter、VRaySincFilter、VRayBoxFilter、VRayTriangFilter、VRayMitNetFilter。在设置渲染参数时，较为常用的是Mitchell-Netravali和Catmull-Rom，前者可以得到较为平滑的边缘效果，后者边缘则比较锐利。
● **大小：** 该微调框用来指定图像过滤器的大小。部分过滤器的大小是固定值，不可调节。

6. 全局 DMC

全局DMC（旧版本为全局确定性蒙特卡洛）该卷展栏是用于计算全局光照和间接照明的高级采样技术，它是VRay渲染引擎的核心组成部分之一，如图7-26所示。新版本的"全局DMC"卷展栏优化了很多选项，只保留了"锁定噪点图案"及"蓝色噪点采样"这两复选框。选中"锁定噪点图案"复选框后，VRay在进行动画序列渲染时会确保每一帧上的随机噪点分布保持相同，即使帧与帧之间渲染设置不变或者场景轻微变化，噪点也不会发生明显的位置偏移，从而保证动画更好的连续性，视觉效果更加平滑、稳定。

图 7-26

7. 颜色映射

"颜色映射"卷展栏下的参数用来控制整个场景的色彩和曝光方式，其参数设置面板如图7-27所示。下面介绍该卷展栏中常用参数的含义。

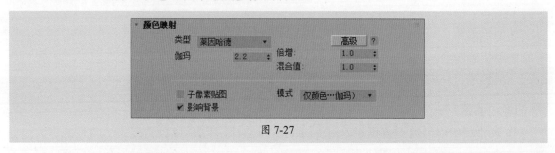

图 7-27

- **类型**：该下拉列表框用来定义色彩转换使用的类型，包括线性倍增、指数、HSV指数、强度指数、伽玛校正、强度伽玛、莱因哈德七种模式（注：伽玛也可写为伽马）。
- **伽玛**：该微调框用来控制最终输出图像的伽玛校正值。
- **倍增**：该微调框用来增强或减弱整个渲染图像的亮度级别。
- **混合值**：该微调框用来控制不同映射方式之间混合程度的参数。特别是在渲染输出的后期调整阶段，可以用来微调最终图像的色彩和对比度。
- **子像素贴图**：选中该复选框后，物体的高光区与非高光区的界限处不会有明显的黑边。
- **影响背景**：该复选框用来控制是否让曝光模式影响背景。当取消选中该复选框时，背景不受曝光模式的影响。

8. 全局照明

"全局照明"卷展栏是VRay的核心部分。在修改VRay渲染器时，首先要开启全局照明，这样才能出现真实的渲染效果。开启GI后，光线会在物体与物体间互相反弹，因此光线的计算会更准确，图像也更加真实，其参数面板如图7-28所示。

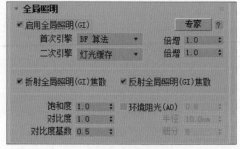

图 7-28

其卷展栏中主要选项说明如下。

- **启用全局照明（GI）**：选中该复选框后，将开启GI效果。
- **首次引擎、二次引擎**：在这两个下拉列表框中设置，VRay计算的光的方法是真实的，光线发射出来然后进行反弹，再进行反弹。
- **倍增**：这两个微调框用来控制首次反弹和二次反弹光的倍增值。
- **折射全局照明（GI）焦散、反射全局照明（GI）焦散**：这两个复选框用来设置光线经过透明或半透明物体时，是否展示由于折射或反射产生的二次或多次照明效果在接收面上形成明亮斑点或光环的现象。
- **饱和度**：该微调框可以用来控制色溢，当降低该数值时将会降低色溢效果。
- **对比度**：该微调框用来控制色彩的对比度。
- **对比度基数**：该微调框用来控制对比度的基数。

9. 发光贴图

在VRay渲染器中，发光贴图是计算场景中物体的漫反射表面发光的时候会采取的一种有效的方法。发光贴图是一种常用的全局照明引擎，它只存在于首次反弹引擎中，因此在计算GI的时候，并不是场景的每一个部分都需要同样的细节表现，它会自动判断在重要的部分进行更加准确的计算，在不重要的部分进行粗略的计算，其参数面板如图7-29所示。

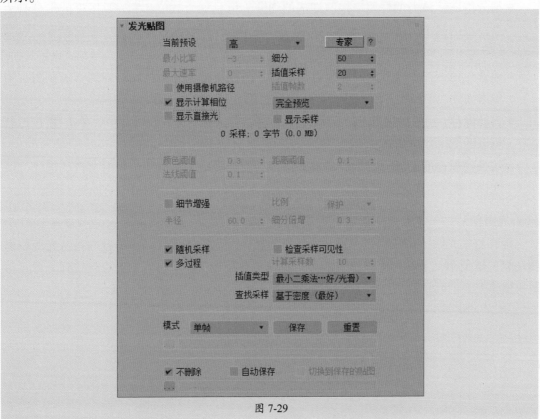

图 7-29

下面介绍该卷展栏中常用参数的含义。

- **当前预设：**在此下拉列表框中设置发光贴图的预设类型，共有自定义、非常低、低、中、中-动画、高、高-动画、非常高八种。
- **最小比率、最大速率：**这两个微调框主要控制场景中比较平坦、面积比较大、细节比较多、弯曲较大的面的质量受光。
- **细分：**该微调框中的数值越大，表现光线越多，精度也就越高，渲染的品质也越好。
- **插值采样：**该微调框用来对样本进行模糊处理，数值越大渲染越精细。
- **插值帧数：**该微调框中的数值用于控制插补的帧数。
- **使用摄影机路径：**选中该复选框将会使用相机的路径。
- **显示计算相位：**选中该复选框后，可看到渲染帧里的GI预计算过程，建议选中。
- **显示直接光：**选中该复选框，在预计算的时候显示直接光，以方便用户观察直接光照的位置。
- **显示采样：**选中该复选框，显示采样的分布以及分布的密度，帮助用户分析GI的精度够不够。
- **细节增强：**该复选框用来控制是否开启细部增强功能，选中后细节非常精细，但是渲染速度非常慢。
- **半径：**该微调框中的数值越大，使用细部增强功能的区域也就越大，渲染时间也越长。
- **细分倍增：**该微调框用来控制细部的细分，但是这个数值和发光贴图里的细分有关系。数值越小，细部就会产生杂点，渲染速度比较快；数值越大，细部就可以避免产生杂点，同时渲染速度会变慢。
- **模式：**该下拉列表框中的选项包括单帧、多帧增量、从文件、添加到当前贴图、增量添加到当前贴图、块模式、动画（预处理）、动画（渲染）八种模式。
- **自动保存：**选中该复选框，当光子渲染完以后，自动保存在硬盘中，单击 ■ 按钮就可以选择保存位置。
- **切换到保存的贴图：**当选中"自动保存"复选框后，在渲染结束时会自动进入"从文件"模式并调用光子贴图。

⑩ 灯光缓存

缓存与发光贴图比较相似，只是光线路相反，发光贴图的光线追踪方向是从光源发射到场景的模型中，最后再反弹到摄影机，而灯光缓存是从摄影机开始追踪光线到光源，摄影机追踪光线的数量就是灯光缓存的最后精度，其参数面板如图7-30所示。

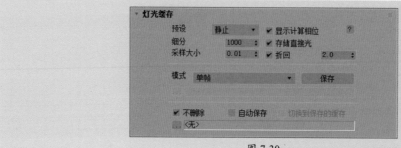

图 7-30

下面介绍该卷展栏中常用参数的含义。

- **预设：** 该下拉列表框中预置了静止和动画两种灯光缓存模式。
- **细分：** 该微调框用来决定灯光缓存的样本数量。数值越大，样本总量越多，渲染效果越好，渲染速度越慢。
- **采样大小：** 该微调框用来控制灯光缓存的样本大小，小的样本可以得到更多的细节，但是需要更多的样本。
- **折回：** 选中该复选框，可在后面的微调框中控制折回的阈值数值。
- **显示计算相位：** 选中该复选框以后，可以显示灯光缓存的计算过程，方便观察。
- **存储直接光：** 选中该复选框以后，灯光缓存将储存直接光照信息。当场景中有很多灯光时，选中这个复选框会提高渲染速度。
- **模式：** 在此下拉列表框中设置灯光缓存，在渲染过程中所采用的不同处理模式。可分为单帧和从文件两种模式。

课堂实战 对卧室场景进行渲染

本案例中将为制作好的卧室场景设置渲染参数，分别进行测试渲染和最终效果渲染，操作步骤介绍如下。

步骤 01 打开渲染场景文件，如图7-31所示。

步骤 02 按功能键F10打开"渲染设置"面板，在"公用参数"卷展栏中选择预设输出大小800×600，如图7-32所示。

图 7-31

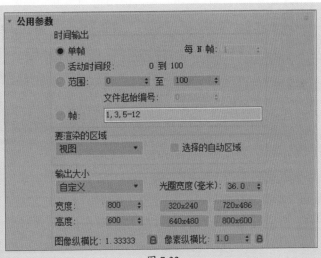

图 7-32

步骤 03 打开"帧缓存区"卷展栏，取消选中"启用内置帧缓存区"复选框，如图7-33所示。

步骤 04 在"全局开关"卷展栏中启用"高级"模式，设置灯光采样类型为"全部灯光评估"，如图7-34所示。

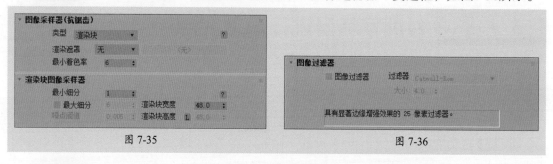

图 7-33 　　　　　　　　　　　　　　　　　　图 7-34

步骤 05 在"图像采样器（抗锯齿）"卷展栏中设置图像采样器类型为渲染块，在"渲染块图像采样器"卷展栏取消选中"最大细分"复选框，如图7-35所示。

步骤 06 在"图像过滤器"卷展栏中取消选中"图像过滤器"复选框，如图7-36所示。

图 7-35 　　　　　　　　　　　　　　　　　　图 7-36

步骤 07 在"颜色映射"卷展栏中将"类型"设置为指数，如图7-37所示。

步骤 08 在"全局光照 | 高级"卷展栏选中"启用GI"复选框，设置"主要引擎"为发光贴图，设置"辅助引擎"为灯光缓存，如图7-38所示。

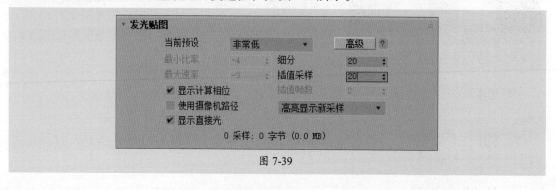

图 7-37 　　　　　　　　　　　　　　　　　　图 7-38

步骤 09 在"发光贴图"卷展栏中选择"非常低"预设模式，再设置"细分"和"插值采样"参数，选中"显示直接光"复选框，如图7-39所示。

图 7-39

步骤 **10** 在"灯光缓存"卷展栏中设置"细分"参数，选中"存储直接光"复选框，如图7-40所示。

图 7-40

步骤 **11** 设置好后，单击"渲染"按钮，渲染摄影机视图，观察测试渲染效果，如图7-41所示。

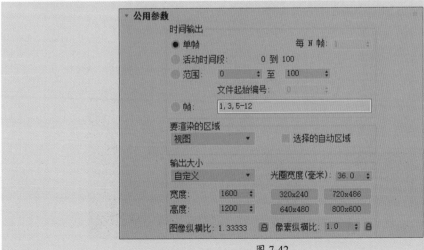

图 7-41

步骤 **12** 设置高品质渲染参数，在"公用参数"卷展栏中自定义输出大小，如图7-42所示。

图 7-42

步骤 13 在"渲染块图像采样器"卷展栏中选中"最大细分"复选框，设置"最小细分""最大细分""噪点阈值"参数；在"图像过滤器"卷展栏中选中"图像过滤器"复选框，并选择过滤器类型，如图7-43所示。

步骤 14 在"颜色映射"卷展栏中设置"暗部倍增"和"亮部倍增"参数，如图7-44所示。

图 7-43　　　　　　　　　　　　　　　　　　图 7-44

步骤 15 在"发光贴图"卷展栏中选择"高"预设模式，设置"细分"和"插值采样"参数，如图7-45所示。

步骤 16 在"灯光缓存"卷展栏中设置"细分"参数，如图7-46所示。

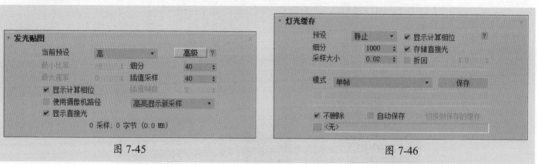

图 7-45　　　　　　　　　　　　　　　　　　图 7-46

步骤 17 参数设置完毕后，再次渲染摄影机视图，最终效果如图7-47所示。

图 7-47

课后练习　批量渲染两个摄影机视图

本练习利用目标摄影机和VRay渲染器来对两个摄影机视图进行批量渲染，效果如图7-48所示。

图 7-48

1.技术要点

步骤 01 创建两个目标摄影机，分别调整位置及角度。

步骤 02 在"渲染设置"面板中设置渲染参数。

步骤 03 执行"渲染"→"批处理渲染"命令，添加摄影机，指定效果图存储位置。

2.分步演示

批量渲染两个摄影机视图的分步演示如图7-49所示。

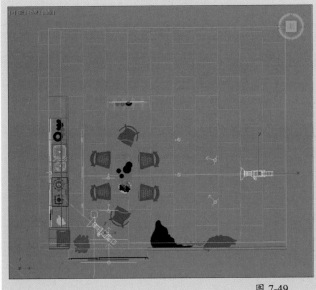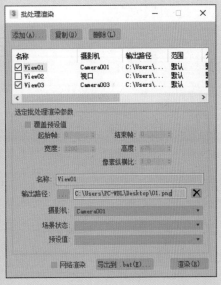

图 7-49

175

阴霾天，万物尽显温柔而深沉

　　阴天光线的效果通常有柔和且均匀的光照，没有明显的光源方向，整个场景的光照强度相对比较低，因此整体色调偏灰暗，给人一种沉静、柔和感。

　　在阴天的条件下，光线通过云层散射，使得光照分布更加均匀，没有明显的阴影或高光区域。这种均匀的光照效果有助于突出场景的细节和层次感。此外，由于阴天光线较为柔和，场景中的色彩饱和度通常都会降低，色彩更加自然，不会过于鲜艳或刺眼。

　　阴天时天光的色彩主要取决于太阳的高度（虽然看起来是阴天，但太阳还是躲在云层的后面）。通过观察和一些资料分析，在太阳高度比较高的情况下，阴天的天光主要呈现出灰白色，而当太阳的高度比较低时（特别是快落山的时候），天光的颜色就发生了变化，这时候的天光呈现蓝色，如图7-50所示。

图 7-50

第 **8** 章

卧室场景效果表现

内容导读

　　本章以创建东南亚风格的卧室场景为例，来对之前所学的知识点进行巩固。其内容包含摄影机创建、场景室内外光源创建、场景材质赋予、场景渲染等。通过本章内容的学习可以让初学读者了解一张室内效果图制作的大致流程，并能够上手去练习。

思维导图

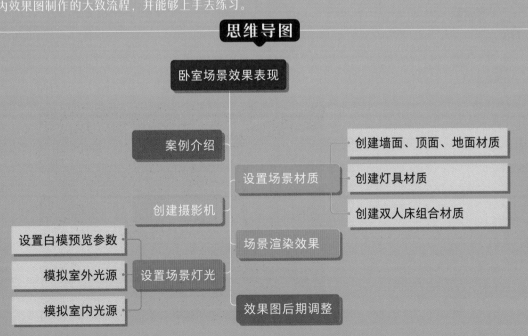

8.1 案例介绍

东南亚风格的空间设计主要以自然、原始为主基调，大量使用中性色或对比色，来营造出朴实自然的空间氛围。本案例就以制作东南亚风格的卧室空间为例，来向用户展现东南亚风格特有的艺术魅力。

8.2 创建摄影机

对于创建好的场景模型，首先应为场景创建摄影机，以确认渲染场景范围，具体操作步骤介绍如下。

步骤01 打开创建好的卧室场景模型，如图8-1所示。

步骤02 在摄影机创建面板中单击"目标"按钮，在顶视图中创建一台摄影机，如图8-2所示。

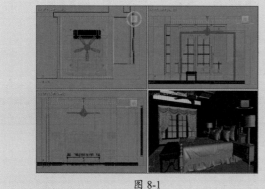
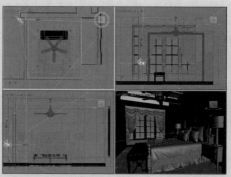

图 8-1   图 8-2

步骤03 在参数面板中选中"手动剪切"复选框，设置近距剪切值和远距剪切值，如图8-3所示。

步骤04 选择透视视口，按快捷键C切换到摄影机视口，再次调整摄影机的位置和角度，如图8-4所示。

图 8-3   图 8-4

8.3　设置场景灯光

本案例将使用目标平行光来模拟天光，然后利用VRay灯光来模拟台灯和吊灯光源，可以让室内有充足的光照效果。

8.3.1　设置白模预览参数

使用白模材质可以观察模型中的漏洞，还可以很好地预览灯光效果。下面介绍白模材质的创建过程。

步骤01 按快捷键M打开材质编辑器，选择一个空白材质，设置为VRayMtl材质类型，命名为白模，设置漫反射颜色为白色，再为漫反射通道添加VRay边纹理贴图，然后设置纹理颜色，如图8-5和图8-6所示。创建好的白模材质效果如图8-7所示。

步骤02 按功能键F10打开"渲染设置"面板，设置"全局开关"卷展栏为高级模式，设置灯光采样类型为全部灯光评估，再选中"覆盖材质"复选框，将制作好的"白模"材质拖到其右侧的按钮上，进行"实例"复制，如图8-8所示。

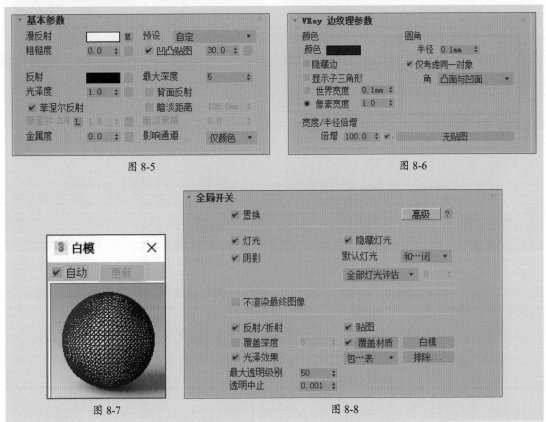

图 8-5　　　　　　　　　　　　　　　　图 8-6

图 8-7　　　　　　　　　　　　　　　　图 8-8

步骤03 在"帧缓存区"卷展栏中取消选中"启用内置帧缓存区"复选框，如图8-9所示。

步骤04 在"颜色映射"卷展栏中设置"类型"为指数，如图8-10所示。

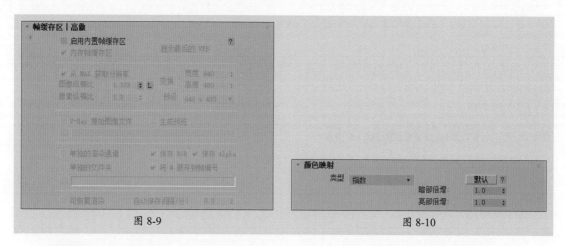

图 8-9   图 8-10

步骤 05 在"发光贴图"卷展栏中设置预设等级和细分等参数，如图8-11所示。

步骤 06 在"灯光缓存"卷展栏中设置细分值和其他参数，如图8-12所示。

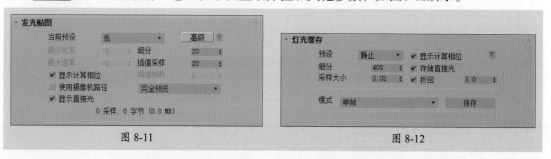

图 8-11   图 8-12

步骤 07 在"公用参数"卷展栏中选择一个默认的输出大小，如图8-13所示。

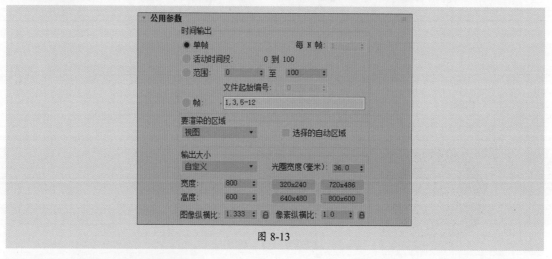

图 8-13

8.3.2　模拟室外光源

场景中有一个较大的落地窗，室外光源十分充足，本小节就需要表现出太阳光及天光光源的效果。下面介绍具体的制作方法。

步骤 01 在左视图中创建一束VRay平面灯光，移动到窗户外侧，如图8-14所示。

步骤 02 在"常规"卷展栏中设置灯光尺寸、强度和颜色，然后在"选项"卷展栏中选中"投射阴影""不可见"和"影响漫反射"复选框，如图8-15所示。

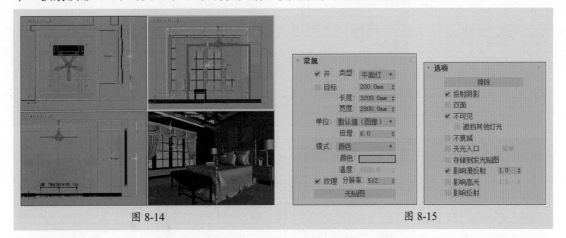

图 8-14   图 8-15

步骤 03 光源颜色参数设置如图8-16所示。

步骤 04 渲染摄影机视口，光源效果如图8-17所示。

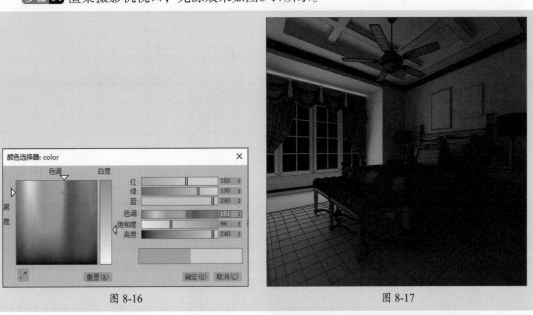

图 8-16   图 8-17

步骤 05 在前视图复制灯光，调整灯光强度为8，效果如图8-18所示。

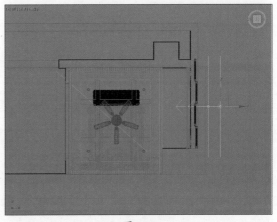

图 8-18

步骤06 渲染摄影机视口，光源效果如图8-19所示。

图 8-19

步骤07 在左视图中创建一束VRay平面灯光，并设置光源的大小、强度及颜色，将其移动到窗户位置，并在前视图中适当地进行旋转，如图8-20和图8-21所示。

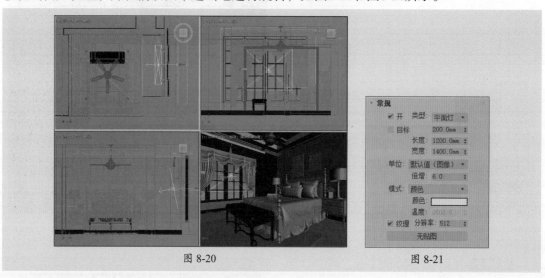

图 8-20

图 8-21

步骤08 光源颜色参数设置如图8-22所示。

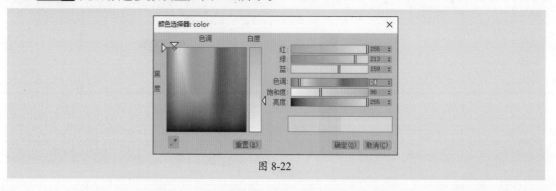

图 8-22

步骤 09 再次渲染场景，室外光源效果如图8-23所示。

图 8-23

步骤 10 制作室外景观效果。单击"弧"按钮，在顶视图中绘制一条弧线，如图8-24所示。

步骤 11 将弧线转换为可编辑样条线，激活"样条线"子层级，在"几何体"卷展栏中设置轮廓值为20，样条线效果如图8-25所示。

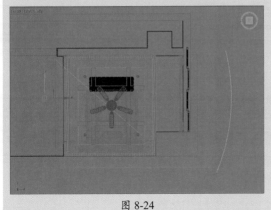

图 8-24

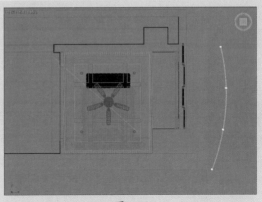

图 8-25

步骤 12 为样条线添加"挤出"修改器，并设置挤出值为4000mm，如图8-26所示。

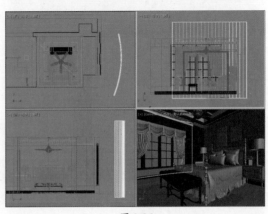

图 8-26

183

步骤13 按快捷键M打开"材质编辑器",选择一个空白材质球,将其设置为VRay灯光材质,设置颜色强度为4.0,并添加位图贴图,如图8-27所示。设置好的材质球效果如图8-28所示。

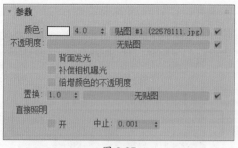

图 8-27

图 8-28

步骤14 打开"渲染设置"对话框,在"全局开关"卷展栏中单击"排除"按钮,打开"排除/包含"对话框,从左侧列表框中选择室外景观模型,将其排除在覆盖材质范围之外,如图8-29所示。

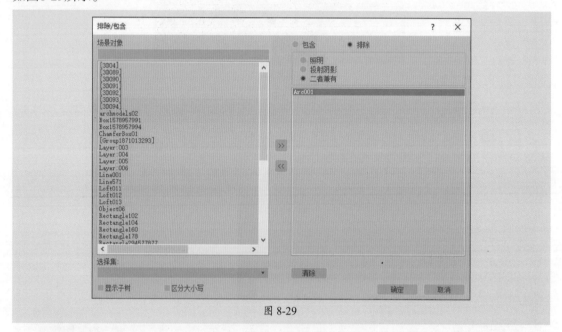

图 8-29

步骤15 再次渲染场景,光源效果如图8-30所示。

步骤16 在顶视图中创建一束目标平行光,调整光源的位置及角度,如图8-31所示。

图 8-30

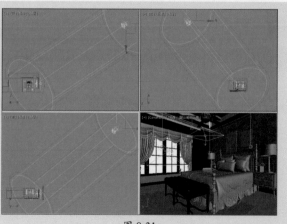

图 8-31

步骤 **17** 设置光源阴影类型及灯光强度等参数，然后在"VRay阴影参数"卷展栏中选中"区域阴影"复选框，并设置阴影大小，如图8-32所示。

步骤 **18** 在"常规参数"卷展栏中单击"排除"按钮，也会打开"排除/包含"对话框，从左侧列表框中选择室外景观模型，将其排除在阴影投射范围之外，使室外模型不会影响光源的投射，再渲染场景，效果如图8-33所示。

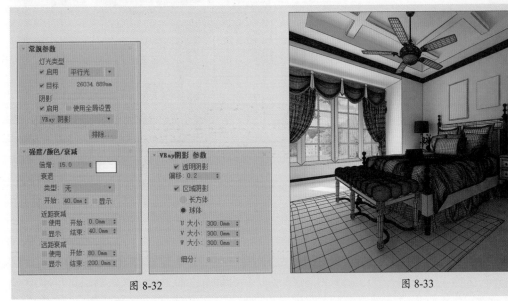

图 8-32　　　　　　　　　　　　　图 8-33

8.3.3　模拟室内光源

场景中的主要光源包括射灯光源和灯带光源，偏暖色调。下面介绍具体的制作方法。

步骤 **01** 模拟台灯光源。在场景中创建VRay灯光，设置灯光类型为"球体"，设置灯光的半径、颜色等参数，将其放置到台灯位置，如图8-34和图8-35所示。

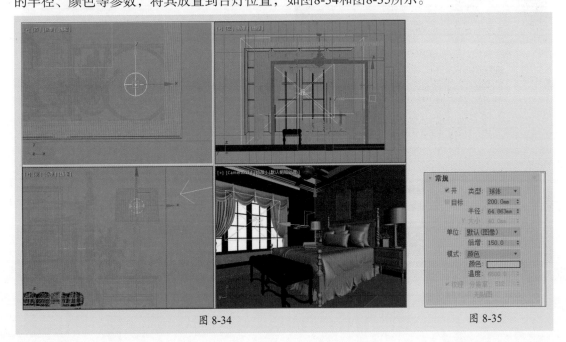

图 8-34　　　　　　　　　　　　　图 8-35

步骤 02 光源颜色参数设置如图8-36所示。

步骤 03 渲染摄影机视口，台灯光源效果如图8-37所示。

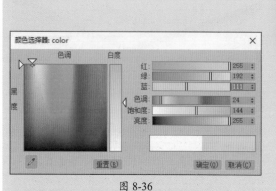

图 8-36 图 8-37

步骤 04 复制光源到另一侧台灯处，再次渲染场景，效果如图8-38所示。

步骤 05 模拟吊灯光源。继续复制VRay球形灯光，缩小灯光半径，放置到吊灯灯罩内，如图8-39所示。由于灯光位于灯罩内部，在覆盖材质情况下渲染看不出光源效果。

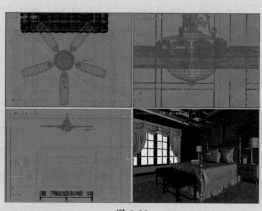

图 8-38 图 8-39

步骤 06 模拟射灯光源。在前视图中创建一束目标灯光，然后调整灯光的位置及目标点，如图8-40所示。

步骤 07 选择灯光阴影类型、灯光分布类型，为其添加光域网文件，再设置灯光的颜色和强度，如图8-41所示。

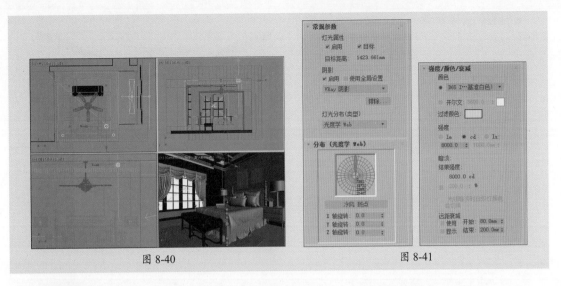

图 8-40   图 8-41

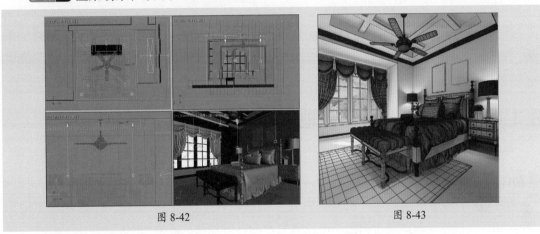

步骤 08 用实例方式复制目标光源，并调整其位置，如图8-42所示。

步骤 09 渲染场景，效果如图8-43所示。

图 8-42   图 8-43

步骤 10 添加补光。创建VRay平面光源，设置尺寸和灯光强度，放置到吊灯下方，如图8-44所示。

步骤 11 灯光参数如图8-45所示。

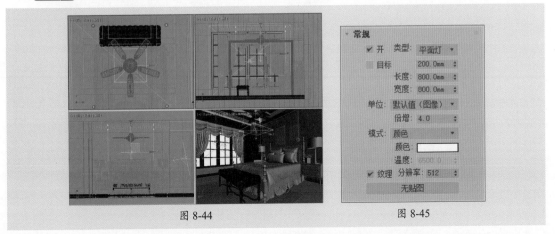

图 8-44   图 8-45

步骤 12 渲染场景，当前场景光源效果
如图8-46所示。

图 8-46

8.4　设置场景材质

本案例制作的东南亚风格的空间，所涉及的材质元素非常丰富。例如床品布料、地毯、墙面装饰、家具饰品等。下面就为空间内的家居模型赋予相应的材质贴图，以丰富卧室场景效果。

8.4.1　创建墙面、顶面、地面材质

本场景的建筑结构采用乳胶漆与深色实木的搭配方式。下面介绍五种材质的制作过程。

1. 制作乳胶漆材质

步骤 01 按快捷键M打开"材质编辑器"，选择一个空白的材质球，设置材质类型为VRayMtl，设置漫反射颜色为白色，漫反射颜色和材质球预览效果如图8-47所示。

步骤 02 为乳胶漆材质添加一层VRay材质包裹器，在参数面板中设置"接收 GI"为0.6，如图8-48所示。

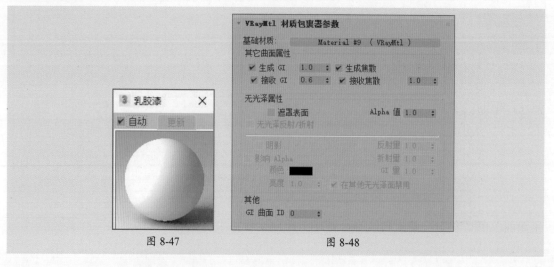

图 8-47　　　　图 8-48

2. 制作深色木纹材质

步骤 01 选择一个空白的材质球，设置材质类型为VRayMtl，为漫反射通道添加位图贴图，为反射通道添加衰减贴图，设置反射参数，如图8-49所示。漫反射通道贴图如图8-50所示。

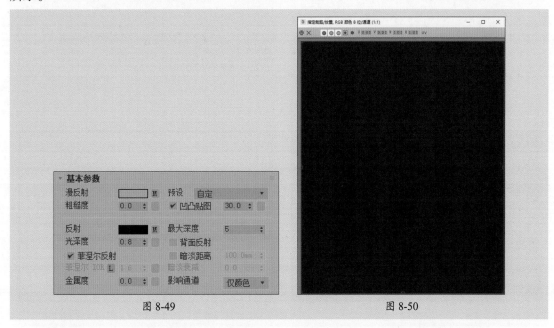

图 8-49   图 8-50

步骤 02 进入衰减贴图参数面板，设置"衰减类型"为Fresnel，如图8-51所示。制作好的材质球预览效果如图8-52所示。

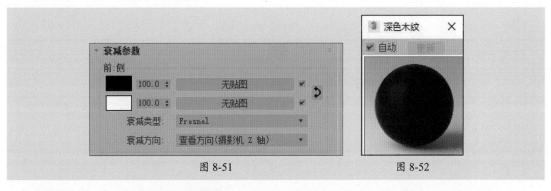

图 8-51   图 8-52

步骤 03 为该材质添加材质包裹器，设置"生成 GI"值为0.7，如图8-53所示。

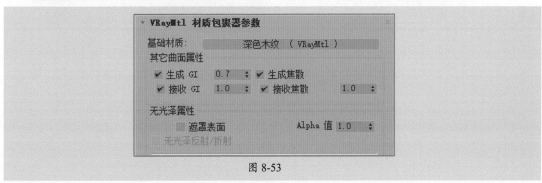

图 8-53

3. 制作旧木纹材质

步骤 01 选择一个空白材质球，将其设置为VRayMtl材质类型，为"漫反射"通道和"凹凸"通道分别添加位图贴图，为"反射"通道添加衰减贴图，如图8-54所示。两个通道的位图贴图分别如图8-55和图8-56所示。

图 8-54

图 8-55

图 8-56

步骤 02 在"基本参数"卷展栏中设置"反射"参数，如图8-57所示。制作好的材质球预览效果如图8-58所示。

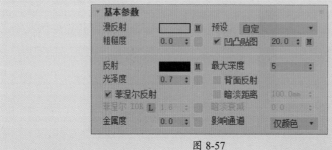

图 8-57

图 8-58

步骤 03 再为该材质添加材质包裹器，设置"生成GI"值为0.5，如图8-59所示。

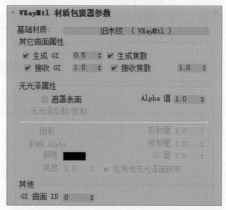

图 8-59

4. 制作拼花木地板材质

步骤 **01** 复制旧木纹材质，更改位图贴图，重新设置衰减颜色，"衰减参数"面板如图8-60所示。更改的位图贴图如图8-61和图8-62所示。

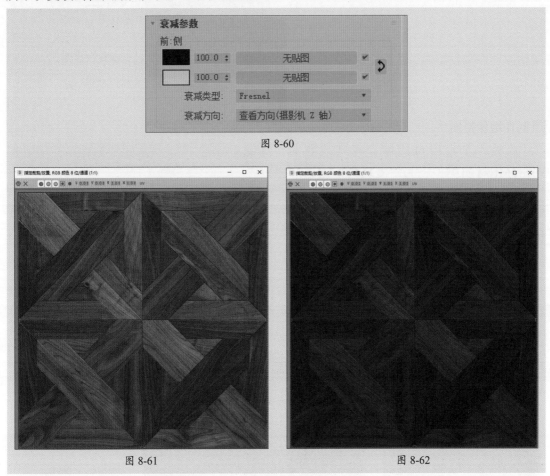

图 8-60

图 8-61   图 8-62

步骤 **02** 返回"基本参数"卷展栏，调整参数如图8-63所示。制作好的拼花木地板材质效果如图8-64所示。

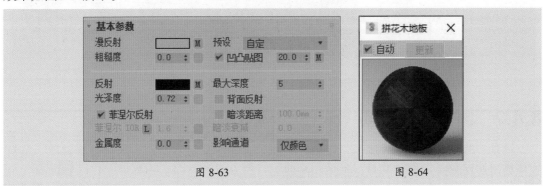

图 8-63   图 8-64

步骤 03 为材质添加材质包裹器，设置"生成GI"值为0.5，如图8-65所示。

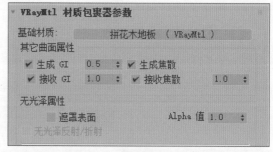

VRayMtl 材质包裹器参数

基础材质：　　　拼花木地板 （VRayMtl ）

其它曲面属性

☑ 生成 GI　 0.5　 ÷ ☑ 生成焦散

☑ 接收 GI　 1.0　 ÷ ☑ 接收焦散　　　1.0 ÷

无光泽属性

　☐ 遮罩表面　　　　　　　Alpha 值 1.0 ÷

无光泽反射/折射

图 8-65

5. 制作地毯材质

选择一个空白材质球，将其设置为VRayMtl材质类型，为"漫反射"通道和"凹凸"通道添加位图贴图，如图8-66所示。

漫反射通道和凹凸通道的位图贴图分别如图8-67和图8-68所示。设置好的材质球预览效果如图8-69所示。

贴图

漫反射	100.0 ÷	☑	贴图 #6 (3d66com2015-158-57
反射	100.0 ÷	☑	无贴图
光泽度	100.0 ÷	☑	无贴图
折射	100.0 ÷	☑	无贴图
光泽度	100.0 ÷	☑	无贴图
不透明度	100.0 ÷	☑	无贴图
凹凸	15.0 ÷	☑	贴图 #7 (226854.jpg)
置换	100.0 ÷	☑	无贴图
自发光	100.0 ÷	☑	无贴图

图 8-66

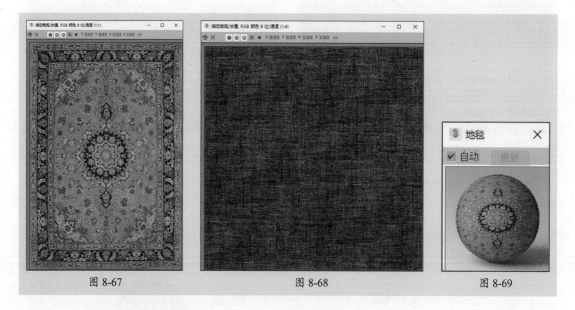

图 8-67　　　　　　　　图 8-68　　　　　　　　图 8-69

8.4.2 创建灯具材质

场景中的灯具是一个风扇吊灯模型，将用到金属材质、木材质、玻璃灯罩材质，台灯则是采用水晶装饰。下面介绍五种材质的设置。

1. 设置吊灯古铜材质

步骤 01 选择一个空白材质球，设置为VRayMtl材质类型，在"贴图"卷展栏中为"漫反射"通道添加VRay污垢贴图，为"凹凸"通道添加噪波贴图并设置凹凸值，如图8-70所示。

步骤 02 进入"VRay污垢参数"面板，设置阻光颜色及非阻光颜色等参数，如图8-71所示。

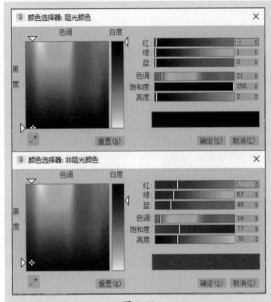

图 8-70

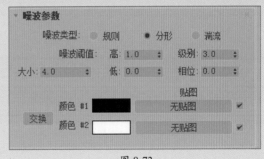

图 8-71

步骤 03 阻光颜色与非阻光颜色的设置如图8-72所示。

步骤 04 打开"噪波参数"面板，设置"噪波类型"及"大小"，如图8-73示。

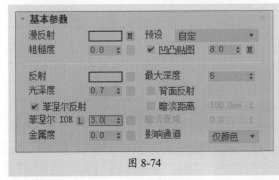

图 8-72

图 8-73

步骤 05 返回到"基本参数"设置面板，设置反射颜色及反射参数等，如图8-74所示。

步骤 06 反射颜色参数设置如图8-75所示。

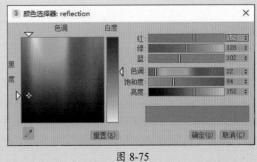

图 8-74

图 8-75

步骤 07 在"双向反射分布函数"卷展栏中设置"各向异性"及"旋转"参数，如图8-76所示。设置好的材质球预览效果如图8-77所示。

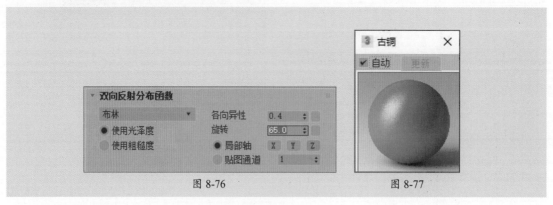

图 8-76   图 8-77

2. 设置木器漆材质

步骤 01 选择一个空白材质球，设置材质类型为VRayMtl，设置"漫反射"颜色和"反射"颜色，反射颜色为白色，再设置反射参数，如图8-78所示。

步骤 02 漫反射颜色及反射颜色参数设置如图8-79所示。

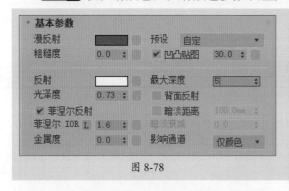 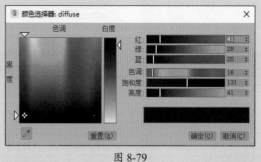

图 8-78   图 8-79

设置好的材质球预览效果如图8-80所示。

图 8-80

3. 设置吊灯灯罩材质

步骤 01 选择一个空白材质球，设置为VRayMtl材质类型，设置"漫反射"颜色、"反射"颜色及"折射"颜色，反射颜色为白色，再设置反射参数和折射参数，如图8-81所示。

步骤 02 漫反射颜色及折射颜色参数设置如图8-82所示。

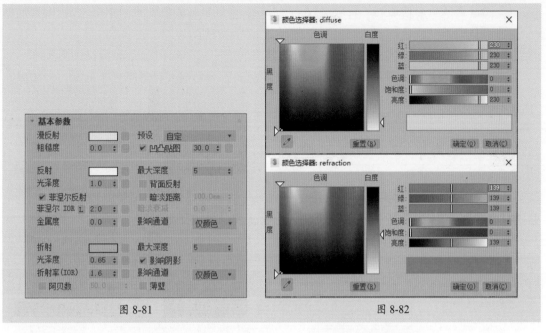

| 图 8-81 | 图 8-82 |

设置好的灯罩材质球预览效果如图8-83所示。

图 8-83

4. 设置台灯灯罩材质

步骤 01 选择一个空白材质球，设置为VRayMtl材质类型，为"漫反射"通道添加位图贴图，再为"折射"通道添加衰减贴图，设置反射参数和折射参数，如图8-84所示。

步骤 02 漫反射通道添加的位图贴图如图8-85所示。

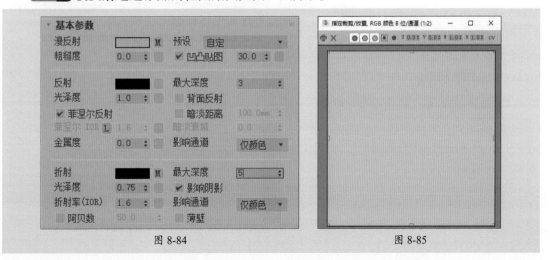

| 图 8-84 | 图 8-85 |

步骤 03 进入折射通道的"衰减参数"卷展栏，设置衰减颜色和衰减类型，如图8-86所示。

步骤 04 衰减"颜色1"和"颜色2"的设置如图8-87所示。

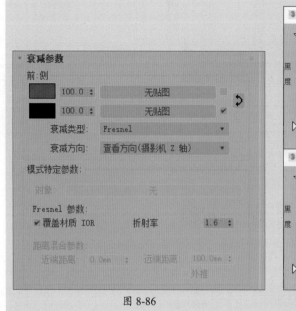

图 8-86

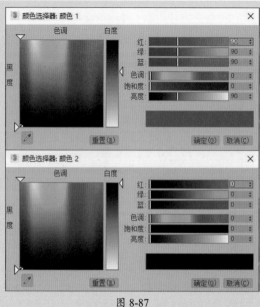

图 8-87

设置好的台灯灯罩材质球预览效果如图8-88所示。

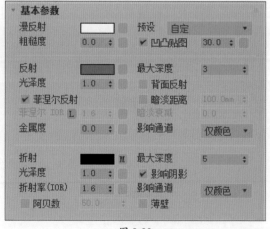

图 8-88

5. 设置水晶材质

步骤 01 选择一个空白材质球，设置为 VRayMtl材质类型，设置"漫反射"颜色与"反射"颜色，漫反射颜色为白色，再为折射通道添加衰减贴图，再设置反射参数和折射参数，如图8-89所示。

步骤 02 反射颜色设置如图8-90所示。

步骤 03 进入折射通道的"衰减参数"卷展栏，设置衰减颜色1和颜色2，颜色1为白色，如图8-91所示。

图 8-89

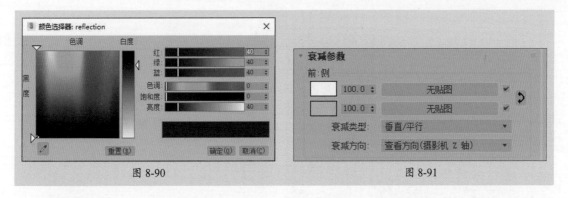

图 8-90   图 8-91

步骤 04 衰减"颜色2"参数设置如图8-92所示。设置好的水晶材质球预览效果如图8-93所示。

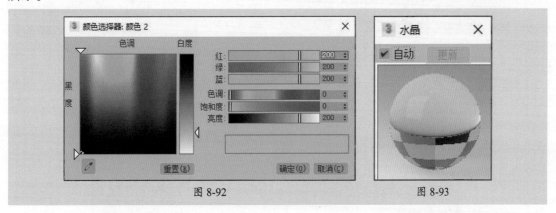

图 8-92   图 8-93

8.4.3 创建双人床组合材质

本小节主要介绍双人床床上用品材质，包括各种布料材质、地毯材质、家具木纹理材质。下面介绍具体的制作过程。

1. 创建布料1材质

步骤 01 选择一个空白材质球，将其设置为多维/子材质，设置材质数量为2，再将子材质1和子材质2设置为VRayMtl材质类型，如图8-94所示。

步骤 02 打开子材质1参数面板，分别为"漫反射"通道和"反射"通道添加位图贴图，并设置反射参数，如图8-95所示。漫反射通道和反射通道添加的位图贴图分别如图8-96和图8-97所示。

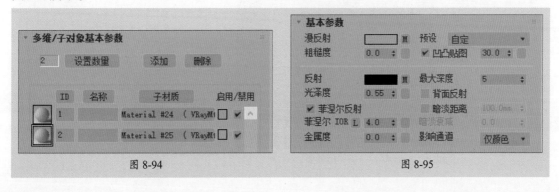

图 8-94   图 8-95

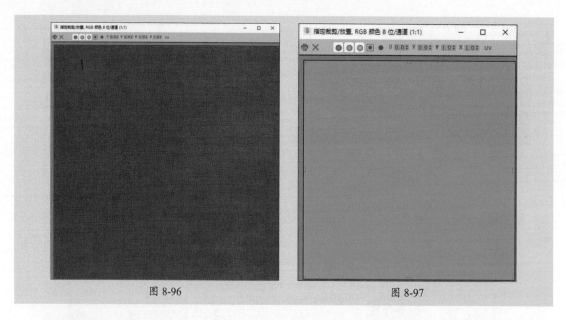

图 8-96   图 8-97

步骤 03 在"双向反射分布函数"卷展栏中设置函数类型为沃德，如图8-98所示。设置好的子材质1材质球预览效果如图8-99所示。

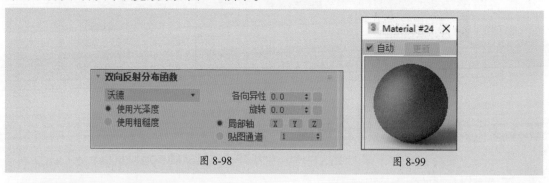

图 8-98   图 8-99

步骤 04 复制子材质1到子材质2通道，更换漫反射通道的贴图，如图8-100所示。设置好的子材质2材质球预览效果如图8-101所示。

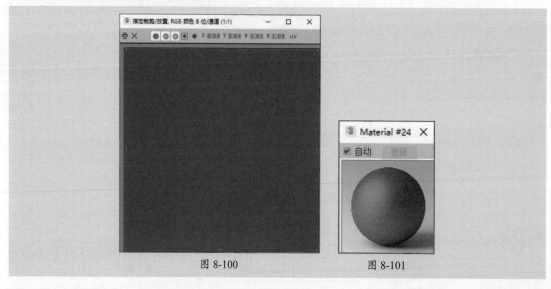

图 8-100   图 8-101

2. 创建抱枕2材质

步骤 01 选择一个空白材质球，设置为VRayMtl材质类型，为"漫反射"通道添加衰减贴图，为"凹凸"通道添加位图贴图，并设置凹凸值，如图8-102所示。

步骤 02 打开"衰减参数"卷展栏，为衰减颜色1添加位图贴图，再设置衰减颜色2的颜色，如图8-103所示。

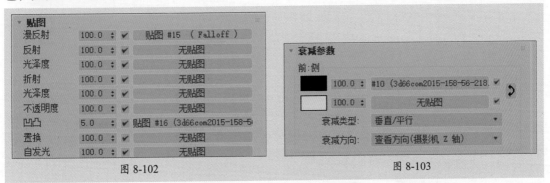

图 8-102   图 8-103

步骤 03 颜色1通道的位图贴图和凹凸通道的位图贴图相同，如图8-104所示。

步骤 04 返回到"基本参数"卷展栏，设置反射颜色及反射参数，如图8-105所示。

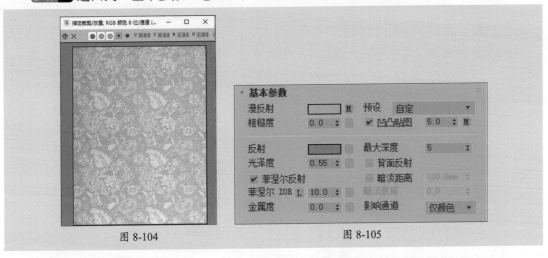

图 8-104   图 8-105

步骤 05 反射颜色设置参数如图8-106所示。设置好的抱枕2材质球预览效果如图8-107所示。

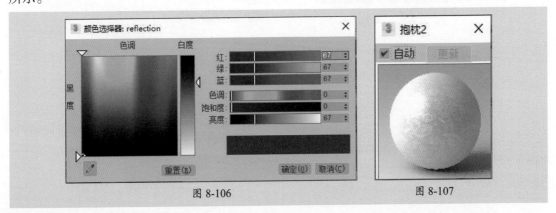

图 8-106   图 8-107

3. 创建抱枕3材质

步骤 01 选择一个空白材质球，设置为VRayMtl材质类型，在"贴图"卷展栏中为"漫反射"通道添加衰减贴图，为"反射"通道添加位图贴图，如图8-108所示。

步骤 02 进入"衰减参数"卷展栏，为"衰减"通道添加位图贴图，并在"混合曲线"卷展栏中调整曲线，如图8-109所示。

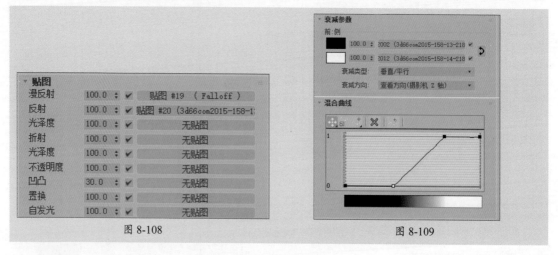

图 8-108

图 8-109

步骤 03 "衰减"通道和"反射"通道添加的位图贴图相同，如图8-110所示。

步骤 04 返回到"基本参数"卷展栏，设置反射参数，如图8-111所示。

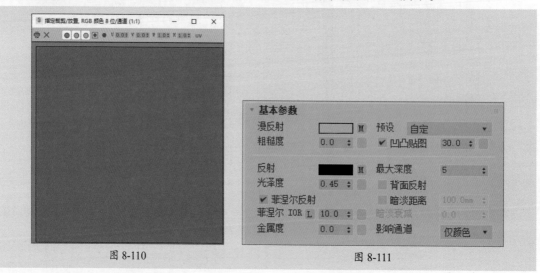

图 8-110

图 8-111

创建好的抱枕3材质球预览效果如图8-112所示。

图 8-112

4. 创建床品材质

步骤01 选择一个空白材质球，设置为混合材质类型，设置材质1和材质2都为VRayMtl材质类型，再为"遮罩"通道添加位图贴图，如图8-113所示。"遮罩"通道添加的位图贴图如图8-114所示。

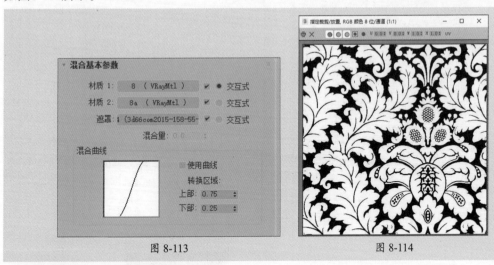

图 8-113   图 8-114

步骤02 进入材质1设置面板，为"漫反射"通道添加衰减贴图，进入到"衰减参数"卷展栏中，为"衰减"通道添加位图贴图，并在"混合曲线"卷展栏中调整曲线，如图8-115所示。"衰减"通道中添加的位图贴图如图8-116所示。

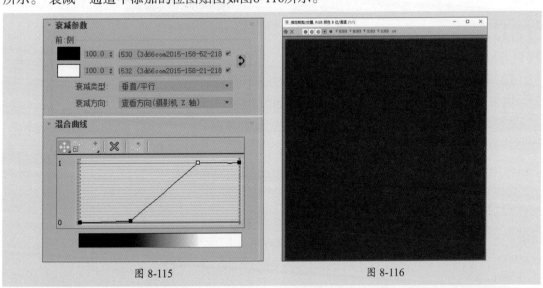

图 8-115   图 8-116

步骤03 进入材质2设置面板，为"漫反射"通道和"反射"通道添加位图贴图，并设置反射参数，如图8-117所示。

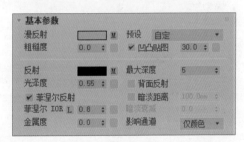

图 8-117

为"漫反射"通道和"反射"通道添加的位图贴图分别如图8-118和图8-119所示。

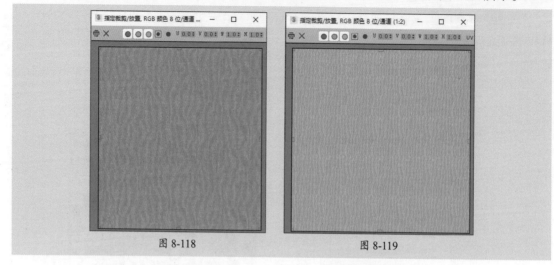

图 8-118   图 8-119

设置好的床旗材质球预览效果如图8-120所示。

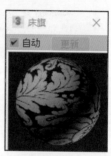

图 8-120

5. 设置家具木纹理材质

步骤 01 选择一个空白材质球，设置为VRayMtl材质类型，为"漫反射"通道和"反射"通道添加衰减贴图，再设置反射参数，如图8-121所示。

步骤 02 进入到漫反射通道的"衰减参数"卷展栏中，为"衰减"通道添加位图贴图，并在"混合曲线"卷展栏中调整曲线，如图8-122所示。为"衰减"通道添加的位图贴图如图8-123所示。

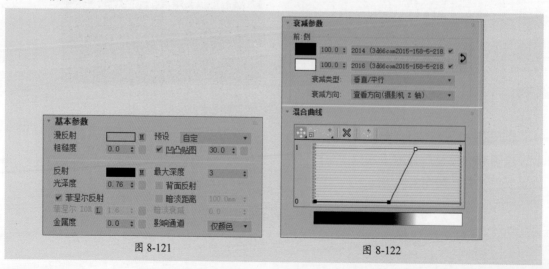

图 8-121   图 8-122

步骤 03 进入反射通道的"衰减参数"卷展栏，设置"衰减类型"，如图8-124所示。

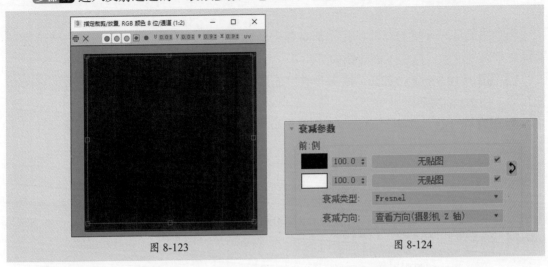

图 8-123   图 8-124

步骤 04 设置好的家具木纹理材质球预览效果如图8-125所示。再为该材质添加VRay材质包裹器，在参数面板中设置"生成 GI"值为0.5，如图8-126所示。

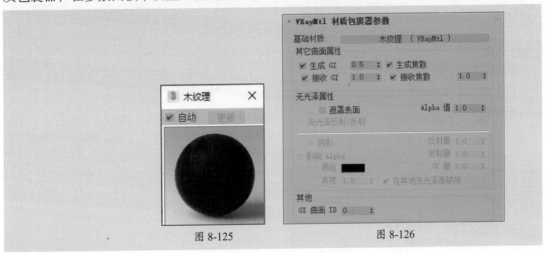

图 8-125   图 8-126

学 习 心 得

8.5 场景渲染效果

场景中的灯光环境与材质已经全部布置完毕，下面可以进行渲染参数设置，然后进行高品质效果的渲染。操作步骤介绍如下。

步骤 01 按功能键F10打开"渲染设置"面板，在"公用参数"卷展栏中设置效果图输出尺寸，如图8-127所示。

步骤 02 在"全局开关"卷展栏中取消选中"覆盖材质"复选框，如图8-128所示。

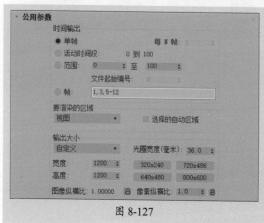

图 8-127

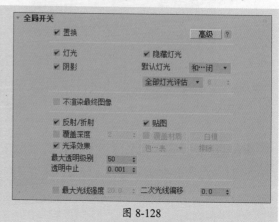

图 8-128

步骤 03 在"图像采样器（抗锯齿）"卷展栏中设置采样"类型"为渲染块，在"图像过滤器"卷展栏中设置"过滤器"类型为Catmull-Row，如图8-129所示。

步骤 04 在"全局DMC"卷展栏中选中"锁定噪点图案"复选框，如图8-130所示。

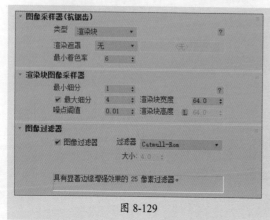

图 8-129

图 8-130

步骤 05 在"颜色映射"卷展栏中设置"暗部倍增"和"亮部倍增"参数，如图8-131所示。

图 8-131

步骤 06 在"发光贴图"卷展栏中设置当前预设类型为高，再设置"细分"和"插值采样"参数，如图8-132所示。

步骤 07 在"灯光缓存"卷展栏中设置细分值及其他参数,如图8-133所示。

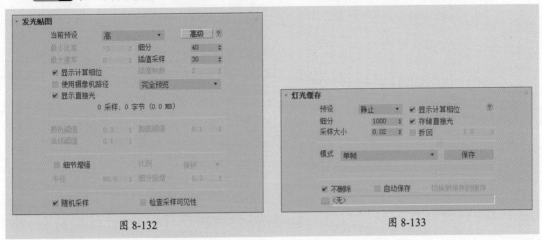

图 8-132   图 8-133

步骤 08 为场景再创建三台摄影机,分别调整其位置和角度,如图8-134所示。各摄影机视口效果如图8-135所示。

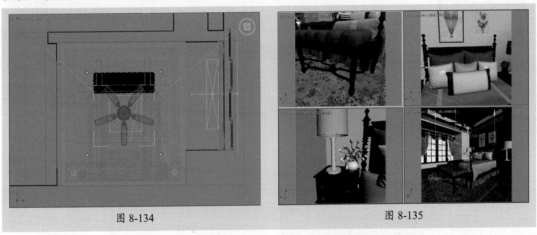

图 8-134   图 8-135

步骤 09 执行"渲染"→"批处理渲染"命令,打开"批处理渲染"对话框,单击"添加(A)"按钮,即可添加第一台摄影机,在下方"摄影机"列表中选择Camera001,并设置"输出路径"如图8-136所示。

图 8-136

步骤 **10** 按照此方式分别添加其他几台摄影机，并设置输出路径，如图8-137所示。

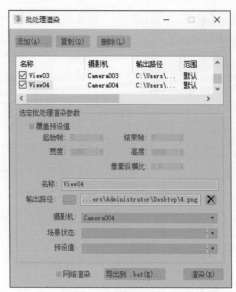

图 8-137

步骤 **11** 单击"渲染"按钮即可开始批量渲染，最终各个角度的效果如图8-138至图8-141所示。

图 8-138   图 8-139

图 8-140   图 8-141

8.6 效果图的后期调整

效果渲染出图后，整体画面色调会比较暗。为了保证效果图的质量，需要利用Photoshop软件对渲染图进行调整。例如调整图片明亮度、图片色调对比关系等。下面将对卧室的四张效果图进行后期调整操作。

步骤 **01** 启动Photoshop软件，并打开"卧室01"图片文件，如图8-142所示。

步骤 **02** 执行"图像"→"调整"→"曲线"命令，打开"曲线"对话框，调整曲线，如图8-143所示。

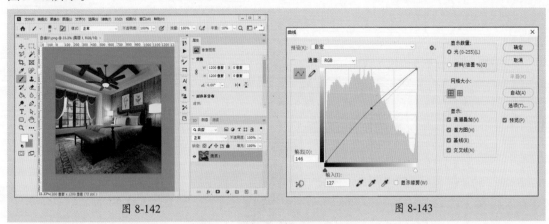

图 8-142   图 8-143

步骤 **03** 执行"图像"→"调整"→"色相/饱和度"命令，打开"色相/饱和度"对话框，调整"黄色"的饱和度，如图8-144所示。

步骤 **04** 调整效果如图8-145所示，并将该效果图进行保存。

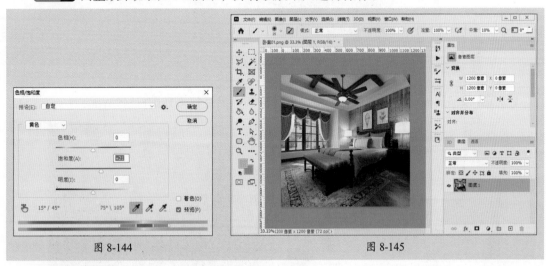

图 8-144   图 8-145

步骤 **05** 打开"卧室02"图片文件，执行"曲线"命令，打开"曲线"对话框。调整一下曲线，将其调整稍暗一些，如图8-146所示。

步骤 **06** 执行"色相/饱和度"命令，调整"黄"色调的饱和度，如图8-147所示。

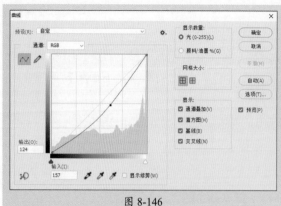

图 8-146　　　　　　　　　　　　　图 8-147

步骤 07 调整效果如图8-148所示，并将该效果图进行保存。

图 8-148

步骤 08 按照同样的方法，调整其他两张渲染图，最终效果如图8-149所示。

图 8-149

第**9**章

卫生间场景效果表现

内容导读

对于封闭的空间，光照是效果图表现的关键。不能太暗，也不能太亮。此外，光照的颜色也是很讲究的。暖色光源会让人觉得温暖，冷色光源则让人感觉寒冷。对于住宅空间来说，基本上都采用暖黄光源，光照强度比其他空间要大一些。本章将以室内卫生间场景效果为例，来介绍如何在封闭空间中巧妙布光。

思维导图

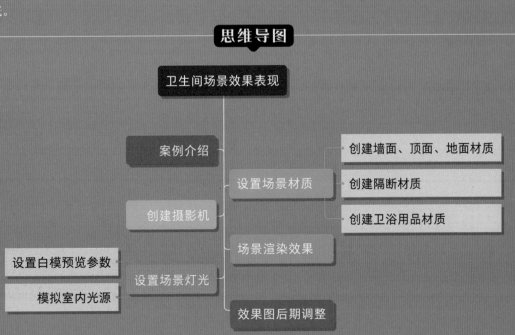

9.1 案例介绍

本案例要表现的是住宅卫生间场景效果。整体风格为现代简约式，给人干净、清爽的感觉。该场景没有窗户，所以在布光时，可以不考虑室外光源的影响。仅依靠室内灯光来进行照明，整体灯光色调为偏暖黄色。场景中大多数家居模型的材质都具有很强的反射质感，通过光线的折射和物体的反射，可增强场景的空间感。

9.2 创建摄影机

对于创建好的场景模型，首先应为场景创建摄影机，以确认渲染场景范围。具体操作步骤介绍如下。

步骤01 打开"卫生间"的场景模型，如图9-1所示。

步骤02 在摄影机创建面板中单击"目标"按钮，在顶视图中创建一台摄影机，在视口中调整摄影机的位置和角度，如图9-2所示。

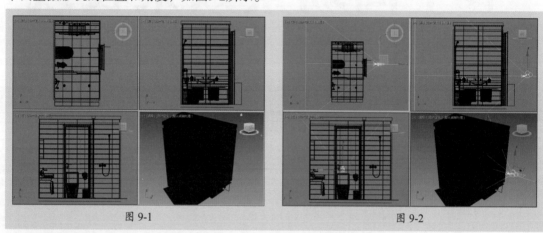

图 9-1　　　　　　　　　　　　　　　　　图 9-2

步骤03 在"参数"卷展栏中选中"手动剪切"复选框，并设置"近距剪切"和"远距剪切"参数，如图9-3所示。

步骤04 选择透视视口，按快捷键C切换到摄影机视口，如图9-4所示。

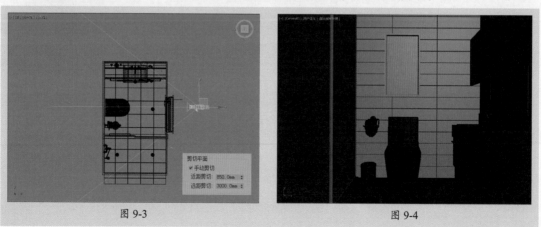

图 9-3　　　　　　　　　　　　　　　　　图 9-4

9.3 设置场景灯光

本案例为封闭场景，所以场景中布光比较关键。一般以1～2个主光源为主，其他光源为局部光，从而丰富场景灯光层次。下面将对光源的创建以及参数设置进行详细介绍。

9.3.1 设置白模预览参数

白模材质可以观察模型中的漏洞，还可以很好地预览灯光效果。下面介绍白模材质的创建。

步骤 01 按快捷键M打开材质编辑器，选择一个空白材质将其设为VRayMtl材质类型类型，命名为“白模”，设置漫反射颜色为灰白色，并为漫反射通道添加VRay边纹理贴图效果如图9-5所示。

步骤 02 按功能键F10打开“渲染设置”对话框，在VRay选项板中设置“全局开关”卷展栏为高级模式，选中“覆盖材质”复选框，将“白模”材质拖到其后的按钮上，选择“实例”复制，再设置灯光采样类型为“全部灯光评估”，如图9-6所示。

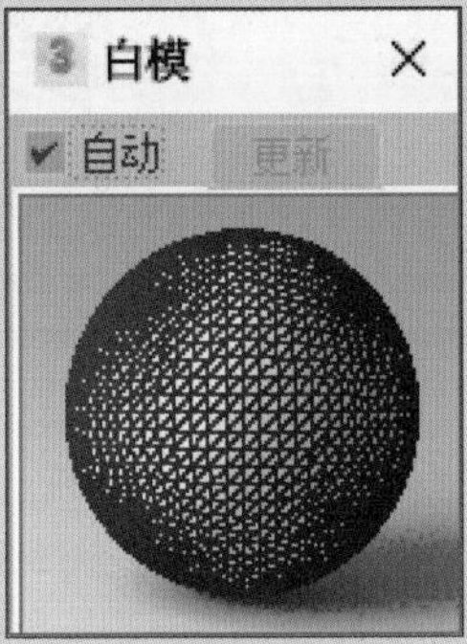

图 9-5

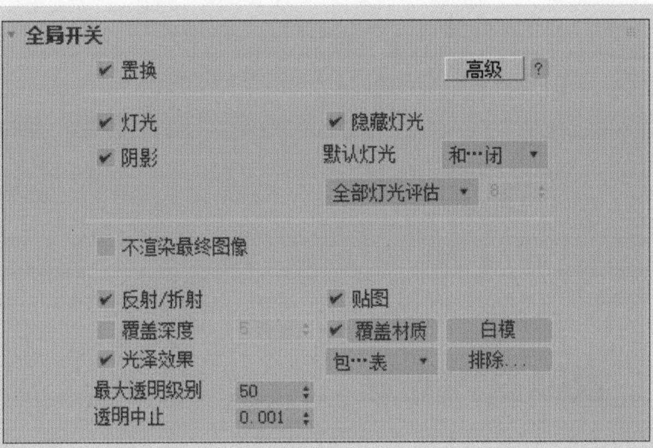

图 9-6

步骤 03 在“帧缓存区 | 高傲”卷展栏中取消选中“启用内置帧缓存区”复选框，如图9-7所示。

步骤 04 在“发光贴图”卷展栏中设置当前预设等级和细分等参数，如图9-8所示。

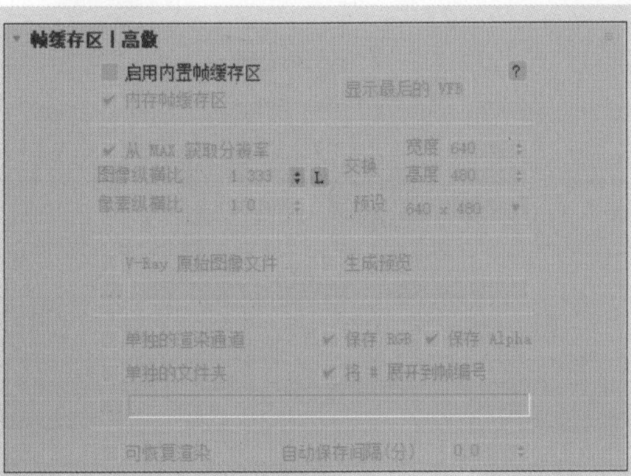

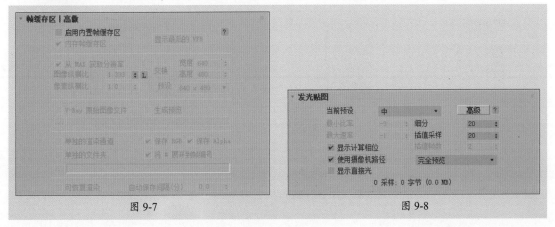

图 9-7

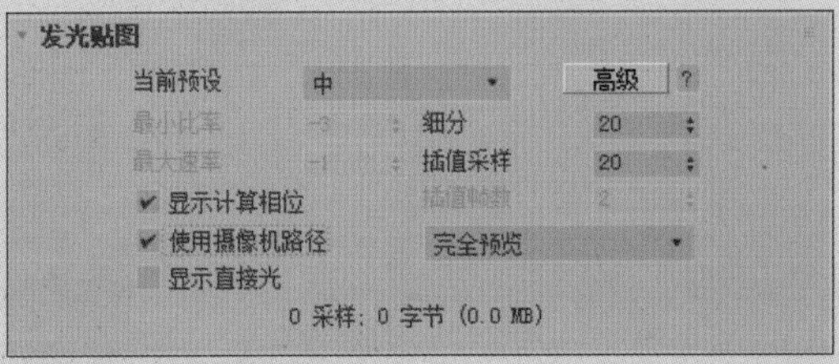

图 9-8

步骤 **05** 在"颜色映射"卷展栏中设置"类型"为指数,如图9-9所示。

步骤 **06** 在"灯光缓存"卷展栏中设置细分值和其他参数,如图9-10所示。

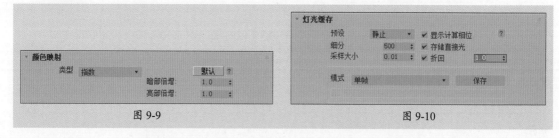

图 9-9　　　　　　　　　　　　　　　　　　　图 9-10

步骤 **07** 在"公用参数"卷展栏中设置输出尺寸,如图9-11所示。

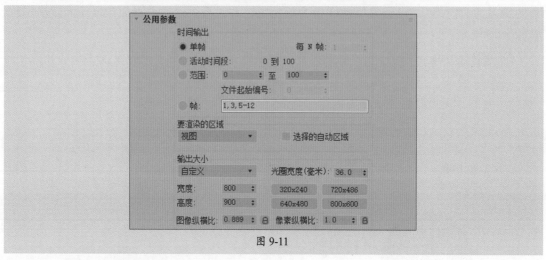

图 9-11

9.3.2　模拟室内光源

该场景中的主要光源包括射灯光源和灯带光源,为了最大化展示灯光效果,这里大多采用白色灯光,会显得场景更加亮堂。下面介绍具体的制作方法。

步骤 **01** 模拟射灯光源。在顶视图中创建一盏自由灯光,调整到合适的位置,如图9-12所示。

步骤 **02** 实例复制灯光并调整位置,如图9-13所示。

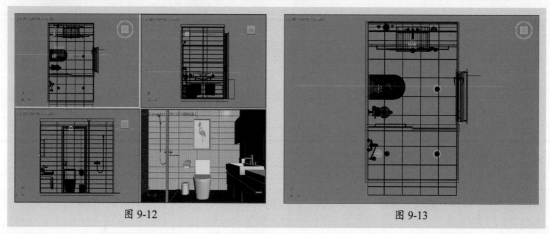

图 9-12　　　　　　　　　　　　　　　　　　　图 9-13

步骤 03 选择其中一个自由灯光，开启VR阴影，设置灯光分布类型为光度学Web并添加光域网文件，如图9-14所示。

步骤 04 渲染场景，可以看到目前的灯光较暗，如图9-15所示。

图 9-14

图 9-15

步骤 05 调整灯光颜色为暖黄色，再调整灯光"强度/颜色/衰减"的参数，如图9-16所示。

步骤 06 再次渲染场景，目前的射灯光源效果如图9-17所示。

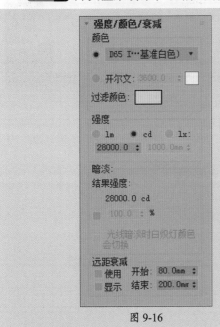

图 9-16

图 9-17

步骤 07 模拟灯带光源。在顶视图中创建一个细长的VRay平面光源，调整光源尺，再放置到镜子模型后方，旋转灯光使光源朝向墙面，如图9-18所示。

步骤 08 灯光尺寸及强度等参数如图9-19所示。

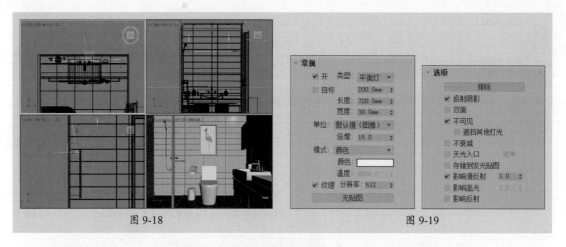

图 9-18   图 9-19

步骤 **09** 渲染场景，可以看到镜子后的灯带光源效果，如图9-20所示。

步骤 **10** 采用实例方式镜像复制灯光，如图9-21所示。

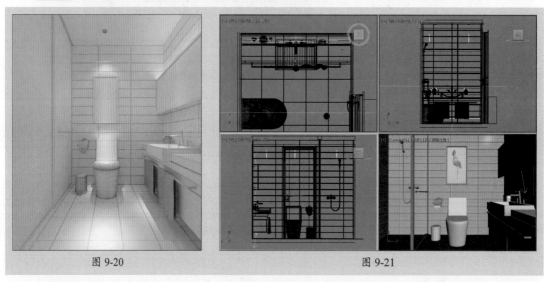

图 9-20   图 9-21

步骤 **11** 再次渲染场景，观察光源效果，如图9-22所示。如果担心灯光亮度不够，用户可以根据实际情况适当添加补光。

步骤 **12** 创建一个VRay平面光源作为室内补光，这里要注意补光的尺寸和强度，参数设置如图9-23所示。

图 9-22   图 9-23

步骤 **13** 再次渲染场景，可以看到整体场景更明亮了些，效果如图9-24所示。

图 9-24

9.4　设置场景材质

场景中所用的材质包括乳胶漆、瓷砖、玻璃、不锈钢、镜面、装饰画等。下面将对这些材质的设置进行介绍。

9.4.1　创建墙面、顶面、地面材质

本场景中建筑顶面材质为乳胶漆，瓷砖包括墙面抛光砖和地面防滑砖材质，下面介绍各材质的创建过程。

1. 设置乳胶漆材质

步骤 **01** 按快捷键M打开材质编辑器，选择一个空白材质球，将其设为VRayMtl材质类型，设置漫反射颜色为白色，如图9-25所示。

步骤 **02** 为VRayMtl材质添加VRayMtl材质包裹器，设置"接收GI"值为0.8，如图9-26所示。

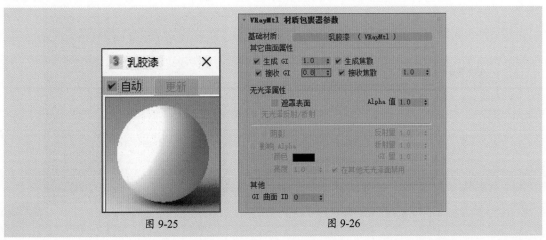

图 9-25　　　　　　　　　　图 9-26

2. 设置墙砖材质

步骤 01 选择一个空白材质球，将其设为VRayMtl材质类型，为"漫反射"通道添加位图贴图，设置反射颜色及反射参数，如图9-27所示。

步骤 02 "漫反射"通道贴图如图9-28所示。

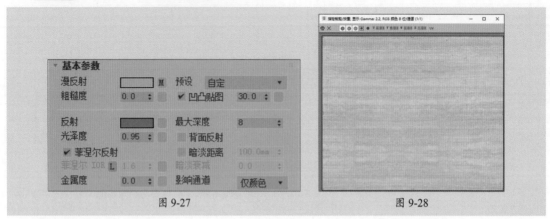

图 9-27   图 9-28

步骤 03 反射颜色如图9-29所示。设置好的材质球预览效果如图9-30所示。

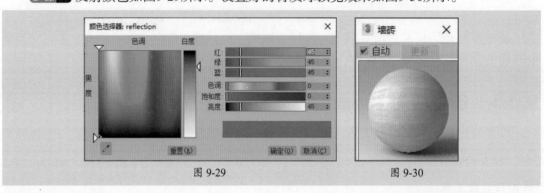

图 9-29   图 9-30

3. 设置地砖材质

步骤 01 选择一个空白材质球，将其设为VRayMtl材质类型，为"漫反射"通道添加位图贴图，再设置反射颜色及反射参数，如图9-31所示。"反射"通道贴图如图9-32所示。

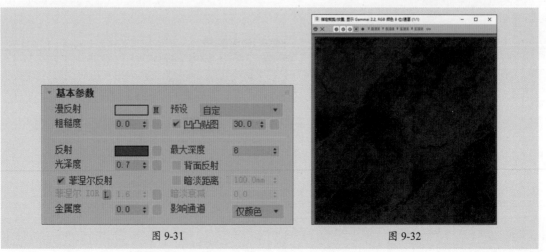

图 9-31   图 9-32

步骤 02 反射颜色参数设置如图9-33所示。设置好的材质球预览效果如图9-34所示。

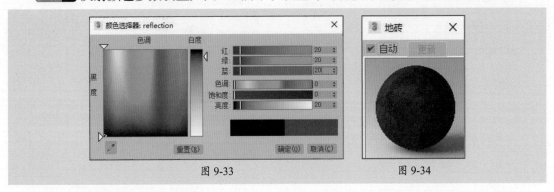

图 9-33　　　　　　　　　　　图 9-34

9.4.2　创建隔断材质

场景中利用玻璃隔断进行干湿分离，主要材质包括不锈钢、玻璃，下面介绍这两种材质的创建。

1. 设置磨砂不锈钢材质

步骤 01 选择一个空白材质球，将其设为VRayMtl材质类型，设置反射颜色及反射参数，如图9-35所示。

步骤 02 反射颜色参数设置如图9-36所示。

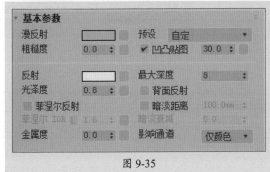

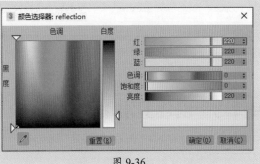

图 9-35　　　　　　　　　　　图 9-36

设置好的不锈钢材质球效果如图9-37所示。

图 9-37

2. 设置玻璃材质

步骤 01 选择一个空白材质球，将其设为VRayMtl材质类型，设置漫反射颜色、反射颜色及折射颜色，折射颜色为白色，再设置反射参数，如图9-38所示。

步骤 02 漫反射颜色与反射颜色参数设置如图9-39所示。

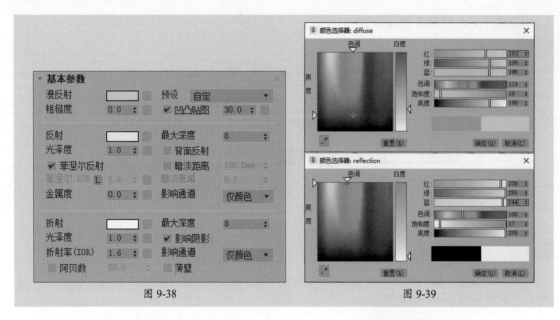

图 9-38   图 9-39

设置好的玻璃材质球预览效果如图9-40所示。

图 9-40

9.4.3　创建卫浴用品材质

场景中的卫浴用品有洗手台、坐便器、卷纸架等，主要材质包括白瓷、木纹理、不锈钢，下面介绍其材质的创建步骤。

1. 设置人造石材质

步骤 01 选择一个空白材质球，将其设为VRayMtl材质类型，设置"漫反射"颜色为白色，为反射通道添加衰减贴图，再设置反射参数，如图9-41所示。

步骤 02 进入"衰减参数"设置面板，设置"衰减类型"，如图9-42所示。

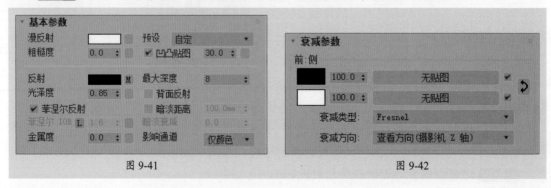

图 9-41   图 9-42

设置好的人造石材质球预览效果如图9-43所示。

图 9-43

2. 设置白瓷材质

复制人造石材质，改名为"白瓷"，重新设置反射参数，如图9-44所示。设置好的白瓷材质球预览效果如图9-45所示。

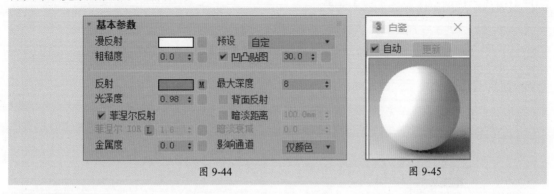

图 9-44   图 9-45

3. 设置镜子材质

步骤 01 选择一个空白材质球，将其设为VRayMtl材质类型，设置漫反射颜色与反射颜色，如图9-46所示。

步骤 02 漫反射颜色与反射颜色参数设置如图9-47所示。

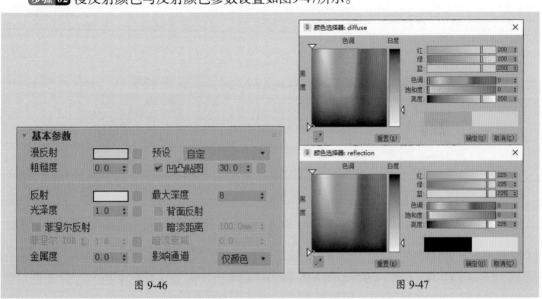

图 9-46   图 9-47

设置好的镜子材质球预览效果如图9-48所示。

图 9-48

4. 设置饰面板材质

步骤 01 选择一个空白材质球，将其设为VRayMtl材质类型，在"贴图"卷展栏中为"漫反射"通道添加位图贴图，为反射通道添加衰减贴图，再设置反射参数，如图9-49所示。漫反射通道添加的位图贴图如图9-50所示。

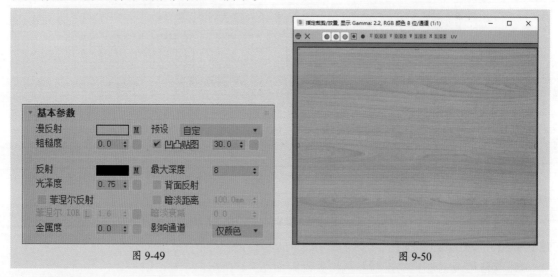

图 9-49   图 9-50

步骤 02 进入"衰减参数"面板，设置衰减颜色，并设置衰减类型，如图9-51所示。设置好的饰面板材质球预览效果如图9-52所示。

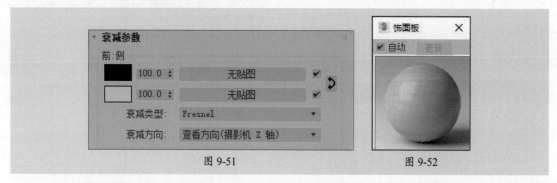

图 9-51   图 9-52

5. 设置镜面不锈钢材质

选择一个空白材质球，将其设为VRayMtl材质类型，设置漫反射颜色与反射颜色，再设置反射参数，如图9-53所示。漫反射通道添加的位图贴图如图9-54所示。

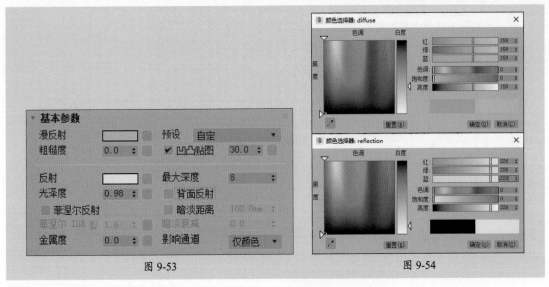

图 9-53   图 9-54

设置好的材质球预览效果如图9-55所示。

图 9-55

6. 设置毛巾材质

选择一个空白材质球，将其设为VRayMtl材质类型，在"贴图"卷展栏中为漫反射通道和置换通道分别添加位图贴图，并设置置换值，如图9-56所示。漫反射通道和置换通道的贴图如图9-57、图9-58所示。设置好的毛巾材质球预览效果如图9-59所示。

同样再制作另外一款花色的毛巾材质球，其预览效果如图9-60所示。

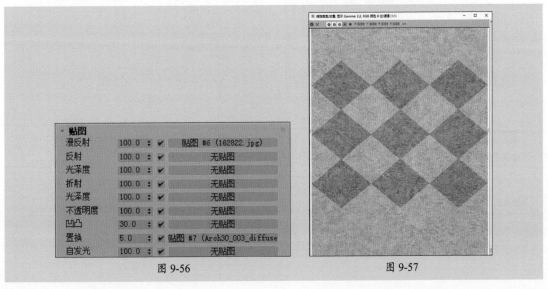

图 9-56   图 9-57

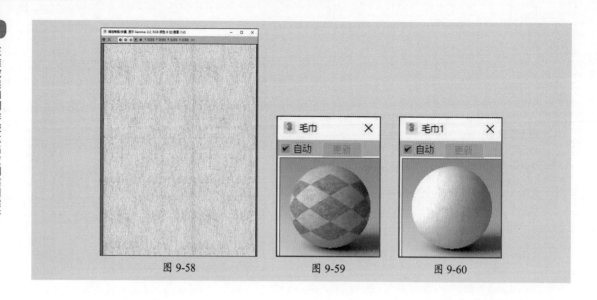

图 9-58　　　　　　　图 9-59　　　　　　　图 9-60

9.5　场景渲染效果

场景中的灯光环境与物品材质的创建已经介绍完毕，下面就可以进行渲染参数的设置，然后进行高品质效果的渲染。操作步骤介绍如下。

步骤 01 按功能键F10打开"渲染设置"对话框，在"公用参数"卷展栏中设置效果图输出尺寸，如图9-61所示。

步骤 02 在"全局开关"卷展栏中取消选中"覆盖材质"复选框，如图9-62所示。

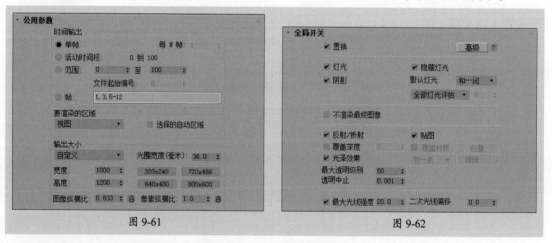

图 9-61　　　　　　　　　　　　　图 9-62

步骤 03 在"图像采样器（抗锯齿）"卷展栏中设置采样类型为渲染块，如图9-63所示。

步骤 04 在"图像过滤器"卷展栏中设置过滤器类型为Catmull-Row，如图9-64所示。

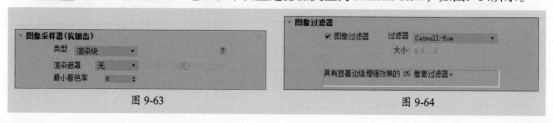

图 9-63　　　　　　　　　　　　　图 9-64

步骤 05 在"全局DMC"卷展栏中选中"锁定噪点图案"复选框，如图9-65所示。

步骤 06 在"发光贴图"卷展栏中设置"当前预设"为高，再设置"细分"和"插值采样"参数，如图9-66所示。

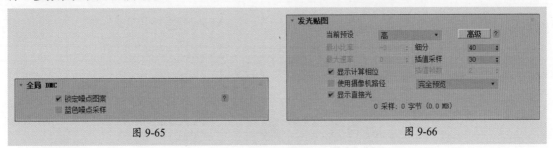

图 9-65　　　　　　　　　　图 9-66

步骤 07 在"灯光缓存"卷展栏中设置细分值及其他参数，如图9-67所示。

步骤 08 设置完毕后，单击"渲染"按钮，渲染场景，效果如图9-68所示。

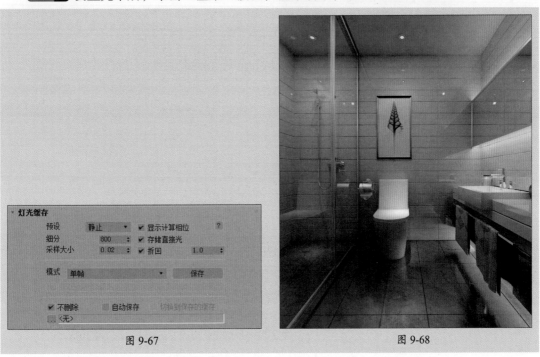

图 9-67　　　　　　　　　　图 9-68

9.6　效果图的后期处理

通过3ds Max渲染出来的成品图，由于受环境色的影响，整体色调偏灰暗，色彩不够明亮。下面就通过使用Photoshop软件来对其画面色调进行调整。

步骤 01 在Photoshop软件中打开效果图文件，如图9-69所示。

步骤 02 增加明暗对比。执行"图像"→"调整"→"亮度/对比度"命令，打开"亮度/对比度"对话框，调整对比度参数，如图9-70所示。调整后效果如图9-71所示。

图 9-69

图 9-70

图 9-71

步骤 03 整体场景仍然偏暗，再执行"图像"→"调整"→"曲线"命令，打开"曲线"对话框，调整曲线形状，如图9-72所示。调整后的效果如图9-73所示。

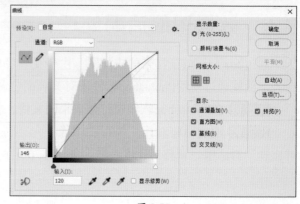

图 9-72

图 9-73

步骤 04 执行"图像"→"调整"→"色相/饱和度"命令,打开"色相/饱和度"对话框,调整黄色饱和度,如图9-74所示。

步骤 05 调整后可以看到整个画面色调要比原图鲜明一些,如图9-75所示。将该图像进行保存即可。

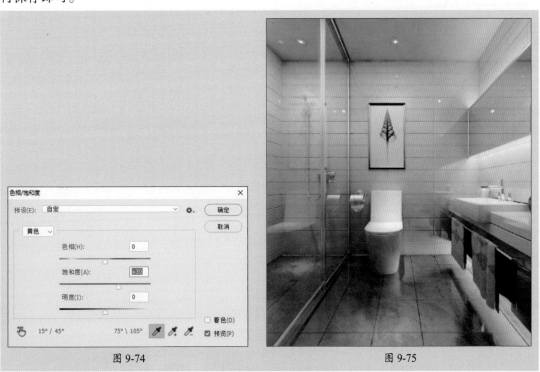

图 9-74　　　　　　　　　　　　　图 9-75

参 考 文 献

[1] CAD/CAM/CAE技术联盟. AutoCAD 2014室内装潢设计自学视频教程 [M]. 北京：清华大学出版社，2014.

[2] CAD辅助设计教育研究室. 中文版AutoCAD 2014建筑设计实战从入门到精通 [M]. 北京：人民邮电出版社，2015.

[3] 姜洪侠，张楠楠. Photoshop CC图形图像处理标准教程（微课版）[M]. 北京：人民邮电出版社，2016.